柯布与中国

Cobb and China

An Intensive Study of
Cobb's Postmodern Ecological Civilization Thought

直观柯布后现代生态文明思想

樊美筠 刘璐 高凯歌 著

中央编译出版社
CCTP Central Compilation & Translation Press

图书在版编目（CIP）数据

柯布与中国：直观柯布后现代生态文明思想 = Cobb and China：An Intensive Study of Cobb's Postmodern Ecological Civilization Thought / 樊美筠，刘璐，高凯歌著．—北京：中央编译出版社，2022．3

ISBN 978-7-5117-4087-8

Ⅰ．①柯… Ⅱ．①樊… ②刘… ③高… Ⅲ．①柯布-后现代主义-生态学-研究 Ⅳ．①Q14

中国版本图书馆 CIP 数据核字（2021）第 268968 号

柯布与中国：直观柯布后现代生态文明思想

责任编辑 景淑娥
责任印制 刘 慧
出版发行 中央编译出版社
地　　址 北京市海淀区北四环西路 69 号（100080）
电　　话 （010）55627391（总编室）（010）55627318（编辑室）
（010）55627320（发行部）（010）55627377（新技术部）
经　　销 全国新华书店
印　　刷 佳兴达印刷（天津）有限公司
开　　本 710 毫米×1000 毫米 1/16
字　　数 213 千字
印　　张 13．5
版　　次 2022 年 3 月第 1 版
印　　次 2022 年 3 月第 1 次印刷
定　　价 68．00 元

新浪微博：@ 中央编译出版社 **微　　信：**中央编译出版社(ID: cctphome)
淘宝店铺：中央编译出版社直销店(http://shop108367160.taobao.com) (010)55627331

本社常年法律顾问：北京市吴栾赵阎律师事务所律师 闫军 梁勤
凡有印装质量问题，本社负责调换，电话：(010) 55626985

谨以此书献给小约翰·柯布博士！

We dedicate this book to Dr. Cobb, our respected mentor.

▲ 柯布近照（拍摄于 2018 年，中国北京）

▲ 1944 年，柯布应征入伍

▲ 1947 年，柯布与静 · 柯布结婚

▲ 2015 年 6 月，柯布与参加第九届克莱蒙生态文明国际论坛的中国学者合影

▲ 2016 年，柯布在贵州

▲ 2017 年，柯布院士被聘为浙江莲都区人民政府生态文明顾问

▲ 2018 年，莲都生态文明柯布院士工作站成立

▲ 2018 年，柯布在莲都田间

▲ 2019 年，柯布普洱生态文明院士工作站成立

▲ 2019 年，柯布与三生谷柯布生态书院师生合影

▲ 2019 年春，作者樊美筠博士与柯布院士漫步在克莱蒙“朝圣地”大院中

◀ 2013 年秋，作者刘璐博士与柯布院士在朝圣地的年度博览会上

▲ 2013 年深秋，作者高凯歌先生与柯布院士在人民大学合影

目　录

Contents

序　一

小约翰·柯布

美国人文与科学院院士，中美后现代发展研究院创院院长

我不懂中文，因此给自己无法阅读的书写序显得有些尴尬。这也对此书没有帮助。但我完全相信作者，尤其是樊美筠博士，她非常了解我的关注点和观点，并且他们在评价我的贡献时都非常慷慨。我确实相信，我已经为中国提出了一些许多人都同意的建议，这些建议今天都得到了很好的采纳。例如，我建议中国努力实现自给自足。中国过度依赖和美国的贸易导致在2019年限制了其在贸易协定中的自由。当中国人最终认识到美国决心将中国视为敌人时，他们可能会高度评估自给自足的价值。

鉴于美国实际的历史，世界对其的赞美和模仿已达到令人吃惊甚至令人沮丧的程度。但是在20世纪七八十年代末，我曾经希望美国的正义力量比犯罪行为的力量更强大。第二次世界大战后，我曾服务于占领日本的美国军队，我认为我们的举止是人道和明智的。日本确实不能再发挥军事大国的作用，但是它很快恢复了健康的经济。我认为马丁·路德·金的成功是对美国人民的一个很好的代言，我们成为反对种族主义的世界领袖。在60年代末和70年代初，我认为，作为对全球经济不可持续这一新的理解的回应，我们也领先世界。我意识到我的国家犯了很多错误，但它仍是世界的领袖，而且我曾经希望，总体而言，它会领导美国和世界向好的方向发展。我不知道是否曾经有这种可能性，但它肯定没有实现。两个政党的领导人或更好的“老板”都将自己出卖给了有钱有势的人，也就是所谓的“华尔街”或“真正的权力机构”。更谨慎地说，两个政党的领导人和媒体都将新自由主义作为其经济政策，将新保守主

义作为其外交政策。新政的社会民主和战后重建在很大程度上停滞不前。国际主义在高层的追随者很少，无论是“二战”期间还是战后都是如此。而全球帝国主义和国家民族主义则成为其首选。

新自由主义和新保守主义对世界造成了巨大的伤害，并且目前还在带来更多的伤害。我写此文时，特朗普正在尽其所能，在国际社会上四处树敌，包括视中国为敌人；在国内则大幅调整了税收，以有利于大公司和富豪。他们对媒体的控制则阻挠了那些贫困者的任何有效的抗议。

我不是一个轻言放弃的人。我一直坚持支持伯尼·桑德斯，尽管他最后没有当选。有关权力机构通过自己所控制的媒体使公众相信那种能够开始恢复美国健康的政策是“极端的”，而“适度”才是理性的人们想要的。我的希望是，桑德斯的那些人数众多而认真的追随者，将脱离民主党，建立一个实际上反映人民利益的政党。这是不可能的，这样的政党成功的机会很渺茫，但这是我所能抱有的最大的希望。

我确实期盼美帝国主义逐渐灭亡。新保守主义者到处插手，疏远了世界上的大部分地区。尽管美国人对美国的所作所为知之甚少，但他们不想参加一场需要征兵或危及他们生命的战争。韩国领导人希望脱离美国，与朝鲜实现和平。在拉丁美洲，美国在厄瓜多尔、玻利维亚和巴西的成功将被证明是暂时的，而且越来越多的拉丁美洲人日益与之离心离德。欧洲无疑将停止接受美国的领导。北约正在瓦解。联合国将不再是美国政策的工具。无论美国领导层是否承认这一点，世界上实际的领导层都将变得多中心化，联合国的作用将变得更加重要。换句话说，我希望的是现在主导美国政策的新保守主义的帝国主义将遭遇滑铁卢。

我希望中国以其超凡的智慧和卓越的领导力取代美国，并将世界从眼下的绝境中引领出来，积极地造福人类和地球上的生命。如果它开始根据人民的福祉而不是仅仅根据买卖的数量来衡量经济，那将是很棒的。如果它将土壤、水域和林地的健康放在首位，那就太好了。如果它将在校接受教育转变为激发对重大问题的批判性思考的过程，那将令人赞叹。尽管实现上述目标不是一蹴而就的事，但以中国人民的果敢和智慧，这一切也并非是办不到的。

以上的内容是我在新型冠状病毒袭击全世界之前写的。新型冠状病毒既增加了希望，也加剧了恐惧。这次通过真正大刀阔斧的改变以减少新型冠状病毒传播的经验使人们理解，根本性的改变确实正在发生。在我写这篇序言的初稿时美国尚存的道德领导力，因着美国政府在处理新冠肺炎疫情过程中在智慧或一贯性方面所表现出的极度失败而丧失了。眼下美国正进入选举时期，在这次选举中，双方的绝望情绪为美国命运多舛的民主进程埋下了阴霾。

我很感谢樊美筠博士、刘璐博士和高凯歌先生耗费数年心血写了这本书。我也感谢许多中国人愿意倾听我的声音。如果我的话能够对中国人民的福祉多少有所助益的话，那将是最令我欣慰的事。我衷心地感谢中国人民，感谢中国，因为在中国，我感到有改变历史进程的机会。美国眼下的混乱和迅速衰退也给了中国这个机会。在我看来，建设生态文明将是中国贡献给世界的最伟大的礼物！我祝福中国！

2019 年 12 月 26 日初写于克莱蒙

2020 年 10 月 8 日修订于克莱蒙

序二：殊途同归迈向生态文明新时代

张孝德

中央党校（国家行政学院）社会与生态文明部教授，博士生导师，

原国家行政学院生态文明研究中心主任

在西方主导的工业文明陷入乱象、矛盾、危机迭起的背景下，我们需要一个什么样的新文明？迈向什么样的新时代？这成为当今人类最迷茫，也是最需要搞清楚的世界性问题。

对于这个时代的特点，2017 年国家主席习近平在出席瑞士达沃斯世界经济论坛年会的主旨演讲中，曾引用英国文学家狄更斯的话做了描述："这是最好的时代，也是最坏的时代。"比这个描述更深刻、更具有哲理性的是中国老子的话。用老子的哲学观看，这是一个"大道废，有仁义，智慧出，有大伪"的新旧交替，文明、文化转型的时代。

由樊美筠博士、刘璐博士和高凯歌先生共同撰写的《柯布与中国：直观柯布后现代生态文明思想》一书，正是对当代人类需要什么样新时代的系统阐述。本书之所以用"后现代生态文明"来描述这个新时代，其用意是要说明该书所阐述的后现代生态文明是与西方主流盛行的工业文明截然不同的。

可喜的是，该书所讲的后现代生态文明，在当代的中国已经成了从中央到地方、从社会到公众，大家共知、共建的文明行动。在此，我并不是讲本书对中国生态文明建设的作用不大，恰恰相反，这本书向我们传达了一个非常重要的信息，即中国实施生态文明战略，不仅是因为中国需要文明转型，而且是因为世界需要文明转型，特别是作为工业文明时代大本营的美国，也需要生态文明。如果说，中国正在进行的生态文明，是顺势而行，那么以著名后现代思想家、生态哲学家柯布先生为主导的美国生态文明，却是逆流而上。无论是顺势

而行，还是逆流而上，我们都惊喜地发现，来自东西方的两种力量正在汇集为一股势不可挡的时代潮流。

本书所阐述的生态文明思想，与当今中国提出的“五位一体”中的生态文明思想高度契合。柯布先生所研究的生态文明，是一种基于关注人与自然共同福祉的，从有机哲学、过程哲学高度探索的生态文明。柯布先生作为一位具有世界影响的后现代思想家，发表著作50余部，他撰写的第一部关于生态文明的著作《是否太晚?》正是生态哲学专著。可以说，从生态哲学的高度研究生态文明，是柯布先生生态文明思想的灵魂所在。但是我们不能为此把柯布先生认定为一名单纯从事生态哲学研究的专家。因为柯布先生所研究的生态文明虽然从哲学出发，但没有停留在哲学的层面，而是系统研究了支持生态文明建设的生态经济学，由此，柯布先生成为西方世界最早提出“绿色GDP”的思想家之一。作为一个后现代哲学家，柯布先生对现代西方经济学的分析和批判，远超出了现代西方经济已有的视野。柯布先生从经济哲学的高度，指出了建立在极端个人主义之上的西方经济学，是已经给我们整个星球带来了严重危机的深层根源。他追问：现代西方经济学所热衷鼓吹的这种永无止境的增长是否是必需的？在他看来：“经济学家们已将我们带入了可怕的境地”。

农业与工业不同，工业生产的汽车、飞机、电器产品等，满足的是人类的发展需求，而农业满足的则是人类生命健康的需求。没有现代交通工具和电器产品，我们可以活着；没有农业，我们则无法生存。如果说农业的功能是为生命提供物质产品，那么教育则是为滋养生命提供精神产品。一个文明社会，有什么样的农业和教育，是关系到能否生存和生命质量好坏的大事。近代以来所形成的“资本+市场+技术”的高效率的现代工业化生产方式，在工业领域取得了巨大的成就，但在直接满足生命需求的农业领域和教育领域，却是失灵的。当代人类危机来自三个方面：一是高能耗的工业化造成了环境危机；二是资本化、石油化、化学化的农业造成了食品安全的危机；三是服务于这种生活方式的把人变成生产工具和奴隶的现代教育的危机。而最后为这三个领域的危机买单的却是人类。从这个意义讲，现代工业文明的危机本质是生命危机。

正是基于这个逻辑，以关注人类幸福为己任和使命的柯布先生不仅对生态经济进行了系统的研究，而且对危机丛生的现代农业和现代教育给予了高度关注。

当现代主流的学者和决策者，仍然把规模化、机械化、化学化、生物技术化的农业奉为农业的最高境界，冠之以先进的“现代农业”的美称时，柯布先生则别具慧眼，很早对这种工业化、资本化、污染严重的农业开始了系统的反思和批判。柯布先生认为：现代农业就是将建立在牛顿力学基础上的机械的、线性的现代技术运用于农业生产活动中的农业。这种大量使用高强度耕作系统，并普遍采用高水平无机化学农用制品进行大规模单一品种连续耕种的工厂式规模化农业生产方式，随着时间的推移，将越来越显示出其弊端。

特别是第二次世界大战后，现代农业所带来的短期高速增长的生产能力曾令世界惊喜，它虽然暂时养活了世界上 65 亿人口，但由于其竭泽而渔式的生产方式，导致其发展早已蕴含危机，并陆续开始爆发。现代化农业所造成的土地肥力递减、生态失衡，传统乡村社会结构、文化生态失衡，粮食危机等，对人类社会与自然、文化与生命造成的危害远比工业化污染造成的危机要大得多。

作为怀特海过程哲学的第三代传人，柯布院士非常重视教育。他认为，“如果我们对教育的理解更宽广一些的话，那么，教育就是人类生活中极为重要的部分”。在柯布院士看来，现代教育尽管成就非凡，但它却是立足现代工业化思维之上，是为资本主义制度服务、为现代工业文明服务的。他指出，“目前，美国采取的是为帝国主义政策，我们的大学对此给予了大力的支持，而批评性的异议被边缘化。大学如今成了支配国家政治、经济生活的金融、军事、工业、政府、大学综合体的一部分。”① 资本家的假定是：“如果我们让每个人都完全随心所欲地追求经济增长，那结果一定是好的。而支持这一观点的高等教育体系就是理想的。”② 柯布先生痛心地说：“我们的社会正在走入迷

① 小约翰·柯布：《现代大学道德教育的缺席及出路》，谢邦秀译，载《世界文化论坛》2010 年 12 月号（总第 43 期）。

② John B. Cobb, “Exam, School, and Education,” China Lecture, October, 2018.

途，而学校显然也参与其中。”①

令我们感到欣慰的是，当置身于西方社会中的柯布先生所构建的后现代生态文明，无法被社会主流所接纳、无法为社会决策者所采纳，他因看不到希望而痛心疾首时，在当今的中国，生态文明建设却是以习近平同志为核心的党中央大力推进的事业。柯布先生所憧憬的从哲学、价值、文化、经济、农业与教育等方面全面改造的工业文明、全面再建的生态文明，与中国共产党十八大提出的基于中国智慧的生态文明思想高度一致。

正因如此，当在西方世界坚忍不拔地探索着的柯布先生看到中国提出生态文明战略后，他就像在漫漫长夜看到东方地平线上第一缕曙光一样兴奋。2013年4月，受柯布先生的邀请，我参加了在美国洛杉矶克莱蒙大学城召开的“克莱蒙第7届生态文明国际论坛”。在该论坛的开幕式上，柯布先生以“生态文明建设的希望在中国”为题发表了演讲。回国后，我撰写了《世界生态文明的希望在中国——第7届生态文明国际论坛观点综述》一文，在《国家行政学院学报》发表。

我与柯布先生的认识，也是源于他的中国情和中国缘。2013年，我主持召开了首届中国乡村文明发展论坛。论坛的主题是：生态文明背景下乡村文明复兴之路。没有想到，柯布先生在网上看到这条消息后，马上让他的学生、旅美学者王治河博士（中美后现代发展研究院常务副院长）和本书作者之一的樊美筠（中美后现代发展研究院项目主任）联系我，邀请我参加第7届生态文明国际论坛并做大会发言。王治河博士和樊美筠博士虽然长期在海外生活和学习，但一直关心着祖国的发展，而且对生态文明理论有着自己独特的研究，因此深得柯布先生的信任，特委托他们联系我。

在与柯布先生见面后，我问他为什么如此关注中国的乡村问题。他说，他为中国的许多专家学者只讲城市化、不讲乡村发展而担忧。他一针见血地指出，中国不能走美国式的城市化道路，中华民族文明的根在乡村，中国的乡村文明是世界文明遗产，中国要走自己的路。自此，我明白了他为什么邀请我参

① 小约翰·柯布：《为什么需要学校?》，樊美筠译，载《深圳大学学报：(人文社会科学版)》2014年第4期。

加国际生态文明大会。正是由于这个机缘，柯布先生连续参加了 2014 年与 2015 在国家行政学院召开的第二届、第三届中国乡村文明复兴论坛，并做主题发言。2016 年，我主持召开的首届中国有机大会在贵州黔东南州召开，已是 90 岁高龄的柯布先生仍然不远万里前来参加。大会期间他亲赴苗寨的田间进行调研考察。2017 年，在我的牵线下，柯布先生再次来到中国，在浙江丽水莲都建立了生态文明院士工作站，并被莲都区人民政府聘为生态文明建设顾问。

柯布先生一再告诫中国不能模仿美国，强烈反对中国西化，因而他一直对中国传统智慧寄予厚望，他多次强调："直接进入生态文明的发展抉择，带给中国一个千载难逢的伟大机会。抓住这个机会，将选择生；如果重复西方的错误，将西方工业化模式强加给农村，则是选择死。我恳求你们：请选择生，请抓住直接进入生态文明这一千载难逢的伟大历史机遇。"[①]不久前在中央社会主义学院所做的演讲中，他更是明确指出，"在我看来，中国提出建设生态文明这个伟大的主张，是中国对世界作出的巨大贡献"[②]。这也是已届耄耋之年的柯布院士，近年来几乎每年都不远万里飞往中国的原因。他说"能亲历这个伟大的进程"自己感到非常荣幸。

在这里所谈到的柯布先生与中国的故事，绝不仅仅是一个个人交往的故事，其凸显的是 21 世纪中国与世界的关系。柯布先生作为美国建设性后现代哲学的领军人物，其所研究的后现代生态文明思想，充分说明作为工业文明大本营的美国，作为工业文明既得利益的美国，同时也是饱受工业文明带来的危机、痛苦最大的国家。正是这种倒逼力量，正在促进西方慢慢走向生态文明之路。正是这个原因，党的十八大以来提出的基于中国智慧的生态文明战略，得到了联合国等国际机构和世界各国高度的认可。特别是构建人类命运共同体的思想和"世界生态文明"的概念更是为世界迈向新时代、新文明提供了新思想、新理念。

---

① 小约翰·柯布：《中国的独特机会：直接进入生态文明》，王伟译，载《江苏社会科学》2015 年第 1 期。

② 参见《美国学者：生态文明的希望在中国》，载《人民日报》（海外版）2019 年 9 月 19 日第 3 版。

在这样一种背景下，由樊美筠、刘璐和高凯歌撰写的《柯布与中国：直观柯布后现代生态文明思想》一书，恰逢其时。这本书为中国生态文明研究，打开了一个全新的视野。在今天无论中美贸易摩擦如何严重，无论美国与伊朗的冲突有怎样的不确定性，这都不是当今世界的全部，如果从时代高度看，其代表的则是工业文明时代的尾声而已。如果从习近平提出的人类命运共同体看，生态文明才是人类文明的希望所在。而此书，为我们展示的正是这种希望。

张孝德　庚子年　于北京

第一章　具有淑世情怀的后现代思想家——小约翰·柯布其人其事

第一节　生　平

来美国加州旅游的人都知道，圣地亚哥的海豚是个必游项目。然而，美国密西根伟谷州立大学哲学系主任劳尔（Stephen Rowe）教授在一篇文章中却说，他来加州只想看两样东西：一是柯布博士，二是圣地亚哥的海豚。他认为柯布博士是位“真正意义上的南方绅士”。

既然有名如斯，那么小约翰·柯布（John B. Cobb，Jr.）到底是何方神圣呢？

了解怀特海过程哲学的人都知道，柯布博士是居住在加州克莱蒙市的一位令人敬仰、知行合一的具有世界级影响的著名学者。

柯布是美国著名的过程哲学家、生态经济学家、西方社会绿色 GDP 的提出者之一、建设性后现代主义和有机马克思主义的领军人物与环保主义者。他曾被推选为全球 50 位杰出的思想家之一，2014 年，柯布以哲学家的身份当选为美国人文与科学院院士。

小约翰·柯布的父母曾于 1919 年被美国南方卫理公会主教教会派往日本工作，因此小约翰·柯布于 1925 年出生于日本的神户市，一年后搬至广岛市生活。

柯布父母有三个孩子，他最小，他上面有一个姐姐与一个哥哥。在他四岁时，猩红热几乎将他置于死地。当时他被隔离起来，以防传染他人，他的兄姐更是被严禁靠近他。令他印象最深刻的是大人们甚至严禁家里的狗接近他。

柯布虽然出生并成长于日本，但他是一个美国人，所以他在日本进入的是一所加拿大人办的学校，招收的都是类似于柯布这样的国际学生。在那里，柯布发现，美国历史在不同的视野里竟然可以有不同的解释。同样是美国的历史，这个学校的历史课教材就与美国本土学校的很不同。这一点，对柯布启发很大。

作为一个出生在日本并生活于斯的美国人，柯布第一次进入美国本土是在1931年至1932年。1940年12月，第二次世界大战的乌云使他的父母将他送回美国佐治亚州以完成高中学业。柯布的父母则仍然留在日本，直到20世纪60年代中期才返回美国。

年轻的柯布回到佐治亚州与祖父母生活在一起，并在那里完成了高中学业。随后他进入埃默里文理学院（Emory College of Arts and Sciences）学习，该学院属于埃默里大学（Emory University），而埃默里大学素有“南部哈佛”之称，系美国顶尖私立综合大学之一。

此时，“二战”爆发。柯布在日本度过了他的童年与少年时光，所以他对日本有相当深厚的感情。他最终克服了“二战”带给他的深深的内心道德的冲突，开始积极进行抗战宣传，并非常真诚地反对法西斯主义和其他偏见。1944年，柯布应征入伍，在那里他与一群有着学术头脑的犹太人和爱尔兰人共事。这些军队中的知识分子朋友，其不同的思想与观念深深地影响了柯布，这种不同文化之间的撞击使他意识到自己作为佐治亚新教徒的局限性。他在《美国大学的反智主义》一文中说，它“促使我热切希望向当代思想界开放以检验我的信仰”。1947年，他进入芝加哥大学，并致力于与现代的世界观相抗争。在芝大，他有幸遇到三位教授：理查德·麦肯（Richard McKeon）、丹尼尔·威廉姆斯（Daniel Day Williams）与查尔斯·哈特肖恩（Charles Hartshorne）。麦肯教授向柯布介绍了哲学相对主义，哈特肖恩教授与威廉姆斯教授则同时向他介绍了怀特海的过程哲学与过程神学。后两者（过程哲学与过程神学）此后成为柯布学术研究的主题。在他们的帮助下，柯布建立起自己的世界观。

1952年，柯布以博士论文“The Independence of Christian faith from Speculative Belief”获得博士学位。1958年，受芝加哥大学前校长尔尼斯特·克威尔（Ernest Cadman Colwell）的邀请，他进入埃默里大学一所新的文理研究院任教。随后，柯布离开故乡佐治亚，偕太太静（Jean Cobb）及四个儿子（Theodore，Clifford，Andrew，Richard）追随克威尔来到克莱蒙，成为克莱蒙研究生大学艾佛里讲座教授与克莱蒙神学院英格瑞汉姆讲座教授。1971年，他与莱维斯·福特（Lewis Ford）合作创办了《过程研究》（*Process Studies*）杂志。1972年，柯布和同事组织召开了全球第一个有关生态灾难的学术会议（“Alternatives to Catastrophe”）。正是在此次会议上，赫尔曼·达利（Herman Daly）提出了“稳态经济”，保罗·索拉里提出生态建筑作为替代方案。1973年，柯布与大卫·格里芬一起创立了过程研究中心（The Center for Process Studies，CPS），使克莱蒙成为世界研究怀特海过程思想的中心。1990年，柯布成为荣休教授。

退休后的柯布博士似乎更忙了，他不仅著述不辍，而且身体力行，不知疲倦地为建设生态文明鼓与呼。2004年，他创立了中美后现代发展研究院并担任第一任院长。2015年，柯布博士更是倾其所有，举办了举世瞩目的生态文明国际大会，来自30多个国家的2000余名专家学者和环保主义者参加了该会，其中包括200余名中国代表。他在《让我们一起为建设生态文明而奋斗》一文中说：“我的使命就是将人类从自我毁灭中拯救出来。不久之前，我还认为我只对美国人民负有使命。不管成功与否，我都将努力在美国促进生态文明。但如果我们在中国也能起到一点作用，那我也很高兴把我的使命延伸到中国。”[①] 也正是有此愿望，柯布博士不顾自己年逾九旬，多次应邀访问中国，并于2017年与2019年，先后在青山绿水的莲都与世界茶源普洱市建立柯布院士生态文明工作站。2019年，随着美国过程研究中心北上迁入俄勒冈的威拉姆特大学（Willamette University），柯布博士在克莱蒙成立了克莱蒙过程研

① 小约翰·柯布：《让我们一起为建设生态文明而奋斗》，富瑜译，载《世界文化论坛》2017年第3/4期（总第74期）。

究院（2020 年改名为柯布研究院，官网：cobb. institute），坚信立足有机哲学，生态文明之花可以开遍五湖四海。

柯布博士不仅是一位思想家，还是一位行动家。他的研究无一不贯穿在其日常生活中。理论上他研究、倡导生态文明，生活中他也追求一种极简的生活方式。为了支持过程研究，他卖掉了祖宅，租住在老人院的两居室中，夫人过世后，则租住在一间斗室中。虽然身为美国人文与科学院院士，他的生活却异常的简朴，他已经 30 年没有买过新衣服了。他的眼睛做白内障手术，术后本书作者之一的樊美筠博士载他回家，因为已过饭点，遂问他中午吃什么？他说有昨天吃剩的方便面。樊博士说："那怎么能吃呢？"他满不在乎地回答："没问题，我可以吃。"虽然刚做完手术，虽是剩饭，但他认为每粒粮食都是神圣的，都不该被浪费。尽管如此，他常常认为自己做得还很不够，他也因此而成为素食主义者。

第二节 学术生涯

柯布博士多年来一直从事过程哲学、后现代文化和生态文明研究，发表著作 50 余部，是一位具有世界影响力的后现代思想家。他既是世界第一部生态哲学专著（《是否太晚？》）的作者，也是西方世界最早提出"绿色 GDP"的思想家之一。

柯布博士的研究主要集中在以下几个领域：

1. 教育哲学
2. 建设性后现代主义哲学
3. 环境伦理
4. 批判以无限增长为旨归的经济学
5. 生物学与宗教
6. 宗教多元主义与宗教对话
7. 多元世界中的基督教复兴
8. 后现代生态文明

其主要代表作有：《是否太晚?》（1971）、《生命的解放》（1981）《超越对话》（1982）、《为了共同的福祉：重塑面向共同体，环境和可持续未来的经济》（1989）、《可持续性：经济学、生态学和公正》（1992）、《可持续的共同福祉》（1994）、《地球主义对经济主义的挑战》（1999）、《后现代主义与公共政策》（2002）。与其学生格里芬等合著有：《建设性后现代哲学的奠基者》（1992）、《后现代科学》（1995）；《后现代精神》（1998）。他与世界著名生态经济学家、世界银行著名经济顾问赫尔曼·达利合写的《为了共同的福祉》一书曾获美国国家图书奖。该书的中文版于 2015 年由中央编译出版社以《21 世纪生态经济学》为书名出版。

柯布博士是一位对现实、对人类、对自然有担当、有关怀的思者与行者。因此，他对自己以哲学家身份入选美国人文与科学院院士颇为不满。2016 年初，他曾对一位来访的中国学者说到，他倒是希望以神学家的身份入选。因为在美国学术界，哲学家大多囿于分析哲学的藩篱，早已将现实置于视野之外，倒是一些神学家们急公好义，敢于面对现实，积极尝试寻找破解现实各种困境的方案。因此，柯布早在 1971 年就开始反思生态问题，其成果便是《是否太晚?》，这是世界上第一部生态哲学方面的专著。按照美国北德克萨斯大学哲学系主任、《环境伦理学》杂志主编尤金·哈格罗夫（Eugene Hargrovc）教授的考证，这本书是“第一本由一个哲学家独立写作的、以书的篇幅来讨论环境伦理的专著”。[①] 在该书中，柯布认为如果从那时开始关心我们所处的星球，也许我们还有时间避免生态灾难的发生。他那时就已经预见性地警告了生态危机的严重性，并提出要适当调整国家事务的优先顺序以便有效地应对这种挑战。他认为，要应对即将来临的生态危机，仅仅依靠不断日新月异的科学技术、依靠新能源的发现，是远远不够的，我们必须在哲学观念上有一个根本性的变革，必须要深入反省和批判以笛卡尔为代表的建立在实体之上、以非此即彼的二元论思维为特征的现代西方哲学，才可能使现代性这辆疯狂的“马车”悬崖勒马，避免灾难的发生。

---

① Eugene C. Hargrove, “A Very Brief History of the Origin of Environmental Ethics for the Novice,” http: //www. cep. Unt. edu/novice. html.

与此同时，他也开始反思与批判现代经济学，其结果便是与美国著名生态经济学家赫尔曼·达利合著了《为了共同的福祉》一书。达利博士曾于1988—1994年在世界银行环境部担任高级经济顾问，也曾被誉为“可以改变人类生活的当代100位有远见的思想家之一”。1992年，该书因其思想有助于改善世界秩序而获Grawemeyer大奖。其基本观点不仅获得环保人士的强烈支持，而且教会领袖们也愿意接受它们。但在现实中，该书却被主流经济学家们集体无视。柯布在该书中文版序言中说：“同行经济学家对待达利之方式，让我开始明白他们多么强烈地信奉现代思想。达利的观点基本上被忽略，即使有人承认其存在，也轻蔑地不予理会，更没有严肃讨论。自然，他失去了他的学术地位，从那时起，他就被排除在经济学系的门墙之外，被禁止教授经济学。现代人常常以思想发放、信息开放而自豪，然而当这些思想和信息威胁他们学科之基本假定时，这种开放性就消失了。”①

按照柯布的分析，现代西方经济学在根底上是建立在极端个人主义之上的，它已经给我们整个星球带来了严重的危机，他追问：现代西方经济学所热衷鼓吹的这种永无止境的增长是否是必需的？在他看来：“经济学家们已将我们带入了可怕的境地。……那些被视为‘专家’之人，继续在其领域误导那些跟随他们之人。看到心地善良之人，想做正确之事之人，是怎样求助于这些专家，听从他们的建议，真令人痛苦。”② 然而，有无可能存在超越现代西方经济学的新方案，发展一种新的经济学？柯布与达利的答案是肯定的。这个新方案就是生态经济学。

1981年，柯布与澳大利亚的生态生物学家查尔斯·伯奇合著了《生命的解放》一书。在该书中，两位作者向多年来占据主流地位的机械主义的生物模式（biological model of mechanism）发起了挑战，提出用“生态模式”（ecological model）取代机械模式。他们认为，这种生态模式不仅破除了有生命与无生命之间的藩篱，也破除了有机体与其环境之间的藩篱。他们将它视为生命

---

① 赫尔曼·E. 达利、小约翰·B. 柯布：《21世纪生态经济学》，王俊、韩冬筠译，杨志华、郭海鹏校，北京：中央编译出版社，2015年，第3页。

② 赫尔曼·E. 达利、小约翰·B. 柯布：《21世纪生态经济学》，王俊、韩冬筠译，杨志华、郭海鹏校，北京：中央编译出版社，2015年，第5页。

真正解放的历程，并以此来“警醒世人对现实世界的破坏”！

柯布博士上述的研究成果无不有赖于怀特海的过程哲学，《生命的解放》一书，则更是基于怀特海的机体主义之上来重新反思生物学。在该书中文版序言中，柯布说：“伯奇属于一个很小的人群：相信怀特海哲学的生物学家。”《21世纪生态经济学》“整本书中所采取的方法都是基于怀特海的”。[①]

对此，柯布博士在《为什么选择怀特海?》（“Why Whitehead?”）一文中有明确的解释，他说：“我之所以在20世纪的所有著作家和思想家中唯独选择怀特海，主要是因为他最接近提供出这种综合性的洞察力，这种洞察力是世界克服这个世纪所面临的严峻挑战所普遍需要的”，“我已经表达了两个基本判断：一是世界需要某种综合思维，这种思维已经越来越罕见。二是怀特海对源于20世纪的这种综合提供了最有希望的著述。”

第三节　柯布博士的中国缘

柯布博士的一生都似乎与中国有着不解之缘。他的父母原本是被派往中国的，结果由于中国国内发生战争，所以被滞留在日本长达数十年。不然的话，柯布也许就会出生在中国，在中国接受早期教育，说一口流利的中文。可惜历史从不会有“如果”一说。

不过，柯布常常开玩笑说，他猜测他也许见过宋庆龄女士。根据是他母亲曾经是宋庆龄女士的大学同窗好友。20世纪20年代，宋夫人访问日本，其间也拜访了柯布的母亲，那时柯布刚出生。他说，两位大学朋友久别重逢，柯夫人肯定要抱着刚出生的小儿子向客人“秀”一下。不过，他后来查核了宋夫人当年给他父母的信发现，两个老同学的相见发生在他出生以前。当他将这一结果告诉樊美筠博士时，似乎还很遗憾。2014年10月，当柯布博士访问中国

---

① 赫尔曼·E. 达利、小约翰·B. 柯布：《21世纪生态经济学》，王俊、韩冬筠译，杨志华、郭海鹏校，北京：中央编译出版社，2015年，第4页。

时，他将宋夫人的此信原件捐献给了北京宋庆龄博物馆。据说，这是该博物馆收到的第一封宋夫人的英文信函原件。

言归正传。柯布博士与中国的结缘更多的是思想上的。作为怀特海哲学的再传弟子，柯布博士接受了其祖师爷怀特海对传统的厚道态度。确实，与现代启蒙思想家把传统视为可以随意抛弃的糟粕相左，传统被怀特海视为一个民族魂魄之所系，是一个民族的根，它使一个民族具有某种归属感。在怀特海那里，尊重传统不仅是诚实厚道的表现，也是富有智慧的表现。因为传统是我们参与世界的宝贵资源，是我们带给世界的宝贵礼物。这也就解释了怀特海对中国五四启蒙运动的领袖人物胡适的不满。据贺麟先生回忆，当胡适拜访怀特海时，怀特海对主张全盘西化的胡适相当不满，认为这其实是在使中国“美国化”，让中国人成为“20 世纪的美国人”。①

长期以来，柯布博士都在严厉地批判美帝国主义，现在更是对资本主义制度彻底失望。他曾在一封信中说到，我们“已经不太相信中央情报局操纵下的标准新闻，我们一般会多看看多听听。我们俩（指他与格里芬）是美帝国主义的强力反对派，对中国的支持在某种程度上代表我们对限制美国权力肆意泛滥全球的支持。在我看来，无论是民主党还是共和党都没有希望。还在克林顿的第一个总统任期我就加入了绿党。2016 年的总统选举，我也把票投给了绿党。希拉里·克林顿一直在煽动对俄国和中国的仇恨，那会导致一场核战争。特朗普的胜利意味着美国将支持对环境的剥削和掠夺，那将把世界引向一条自我毁灭的道路。”②

所以，柯布博士一再告诫中国不能模仿美国，强烈反对中国西化，因而他一直对中国传统智慧寄予很高的希望，并提出“生态文明的希望在中国”这一著名论点。他多次强调：“直接进入生态文明的发展抉择，带给中国一个千载难逢的伟大机会。抓住这个机会，将选择生；重复西方的错误，将西方工业化模式强加给农村，则是选择死。我恳求你们：请选择生！请抓住直接进入生态文明这一千载难逢的伟大历史机遇。”

① 王锟：《怀特海与中国哲学的第一次握手》，北京：北京大学出版社，2014 年，第 14 页。

② 小约翰·柯布：《让我们一起为建设生态文明而奋斗》，富瑜译，载《世界文化论坛》2017 年第 3/4 期（总第 74 期）。

这也是为什么已届耄耋之年的柯布博士，近年来几乎每年都不远万里飞往中国，如到北京参加国家行政学院举办的“乡村文明论坛”（2014），赴浙江安吉参加生态村剪彩（2015），飞贵州黔东南参加有机大会（2016），亲赴苗寨的田间鼓励村民种植有机作物（2016），到浙江丽水莲都建立生态文明院士工作站（2017），参加首届普洱（国际）生态文明暨第四届普洱绿色发展论坛（2018）和北京小汤山零污染村庄（社区）建设论坛暨垃圾治理与生态文明研讨会（2018），为生态文明鼓与呼。洛杉矶飞北京要十多个小时，我们要给他买商务舱或头等舱机票，他说：“省点吧！”我们心疼老人，坚持要给他买，他最后居然说你们要给我买，我就不去了。无奈之下，我们找到一个折中办法，多花100多美金，给他买了个“长腿”，就是经济舱第一排座位，那样他的腿可以彻底伸开。老人接受了这个方案。就这样，他到了北京腿还是肿了，后来还是安金磊老师找到一位著名的道医给老人推拿了一下才好些。因此，2018年至2019年柯布博士再次访问中国时，我们坚持他一定要坐商务舱。

柯布博士关于中国应该引领世界生态文明的思想已经引起党和国家的重视。最近，新华社记者对柯布博士做了报道，已经引起社会各界颇多关注。[①] 2020年9月，柯布的《中国是我们的希望》一文发表在《人民日报》2020年9月2日第3版上，引来读者好评如潮。

中国环保部部长陈吉宁于2015年在京做“十二五”生态环境保护成就报告时曾专门引述了柯布博士的观点。[②]

2015年10月27日，中共中央政治局前委员、国务院副总理、全国人大常委会副委员长姜春云在京亲切接见了柯布博士，对柯布博士及其中美后现代发展研究院在世界范围推动生态文明的努力给予了高度的赞扬。第九届、第十届全国人大常委会副委员长许嘉璐先生分别于2017年10月12日和13日两次接见柯布院士并以“生态文明与中华民族的伟大复兴”为题与之进行了高端对话。2019年9月，两位年龄虽相差一轮却志同道合的老朋友再次在北京相见，就生态文明的发展等问题进行了更深入的切磋。此外，柯布博士还是中国生态

① 小约翰·柯布：《中国的独特机会：直接进入生态文明》，王伟译，载《江苏社会科学》2015年第1期。

② http://www.in-en.com/article/html/energy-2239606.shtml.

文明研究与促进会唯一的外籍专家顾问及浙江丽水莲都人民政府的生态文明顾问。

“两岸猿声啼不住，轻舟已过万重山。”生态文明的大潮势不可挡，那些逆历史潮流而动的人，那些试图螳臂当车的人，必将被时代与人民所抛弃，不是被埋葬于工业文明的废墟之下，就是可能被他们所痴迷的技术送到遥远宇宙中某颗荒凉的星球上，如果他们太空移民成功的话。而如柯老这样的生态文明的先驱们，将如三光丽天，亘古长耀。

《孟子·尽心下》中有一段话用来描述柯布博士非常贴切，即“可欲之谓善。有诸己之谓信。充实之谓美。充实而有光辉之谓大。大而化之谓圣。圣而不可知之之谓神”。柯布博士因其知行合一的风范，化己、化人、化世界。因此，在中国他获得了“生态圣贤”的美誉。

第二章　后现代生态文明观

“我们的文明正加速自我毁灭。我们需要一些足够深刻的变化来制止文明整体性的崩溃，不能停下来，至少也得慢下来，这已经是不争的事实。深刻的变革必须马上着手，我们的使命需要重新定义。”

——小约翰·柯布：《论生态文明的五大基础》①

第一节　探颐文明的起源

1. 文明与野蛮相对

在西方，“文明”的概念首先出现在18世纪的法国，随后不久出现在英国和德国，并与文化的概念紧密联系。它的主要意思来自与野蛮的对比。文明与野蛮相对，此观念早已经在人们的头脑里根深蒂固。人们普遍认为，越是文明的，越是远离野蛮，就越是进步。文明代表着进步，野蛮则代表着落后。“成为文明化的（to be civilized）就是成为人（to be human）。”② 文明成为“人”的重要界定，即没有文明化的人不是真正意义上的人。文明的历史就是人类的历史。那些没有经过文明化的人是原始人、土著人或野蛮人，一句话，

① 见《世界文化论坛》2020年7月总第82期第1版。

② 小约翰·柯布：《文明与生态文明》，李义天译，载《马克思主义与现实》2007年第6期。

他们不是真正意义上的人。因而他们可以被文明人心安理得地杀戮。同理，农民可以被城市人理所当然地鄙视，因为农民不及城市人的文明化程度高。

然而，事实是否真的如此？如果一个文明本身就带着自毁的因子，犹如一匹脱缰的野马，急速奔向毁灭的悬崖，那么这样的文明也是进步的吗？又如某种文明，虽然缺乏所谓先进的科学技术，经济也不算发达，但能够持续，能够长久，这样的文明是否就必然是落后的呢？

看来，我们应该重新审视一下以往的文明观念，反思人类乃至整个星球到底需要一种什么样的文明。

2. 文明与城市相关

在西方历史上，文明的起源与城市密切相关。西方学者判定一个社会是否已经进入文明社会，有三个大致的指标，其中之一就是城市的出现。这就是为什么英文中的文明“Civilization”一词源于拉丁文“Civilis”，有“城市化”和“公民化”的含义。“文明”的基本含义总是同城市的崛起联系在一起。因为城市为人所建，在那里有宏伟的建筑，有劳动的专门分工、技术的伟大创新以及政治权威的复杂结构。城市是商业中心、文化中心与政治中心。与狩猎和采集社会甚或种植/农耕社会（gardening ones）相比，城市更能体现出人类的意图，更接近当代人的生活，也更能代表该社会的文明程度。

因此，柯布博士指出：“在我们发现城市的地方，我们几乎必定谈及文明。出于实际目的，我们用文明来指代城市文化。”“‘文明’这个词主要关注城市的某些‘高级’文化成果。”① 这也是为什么“从事狩猎和采集的人们通常不被认为是‘文明的/开化的’”② 的原因。用房龙的话说，“那些美洲土著距离文明社会还很远，他们甚至都搞不清轮子的用途”。③

确切地说，文明即城市文明，这是西方长期盛行的看法，也可以说是主流普遍认可的文明观。

农村与城市不同，农村从荒野而来、从自然而来，它更多体现的是人对自

---

① 小约翰·柯布：《文明与生态文明》，李义天译，载《马克思主义与现实》2007年第6期。
② 小约翰·柯布：《文明与生态文明》，李义天译，载《马克思主义与现实》2007年第6期。
③ 房龙：《美国史事》，姜鸿舒、鉴传今、张海平译，北京：北京出版社，2001年，第60页。

然的适应与合作；而城市却是平地而起，是人类的另起炉灶，体现的则多是人对自然的抗拒与改造。文明与城市密切相关，意味着文明从一开始所表现的就是人与自然的渐行渐远，人不再将自身视为自然的一部分，而逐渐认为自己是万物之灵，是万物的尺度、万物的主人。也就是说，城市文明的背后实际体现的是人与自然的对立。城市的胜利意味着在人与自然的斗争中，人类占了上风，成为自然的主宰。这种文明观显然从一开始就已经祸根深埋。

3. 文明的历史：多数人是否获益？

人从自然中脱颖而出，成为万物之灵，福兮？祸兮？

文明在高歌猛进、造福人类的同时，是否也是隐患重重？事实也确实如此。几百年来，当人们歌颂文明的时候，常常忽视了文明的消极方面。“我们通常没有对这种改变的消极方面给予同样充分的重视。”[①] 柯布博士认为，文明的这些消极方面可以概括为两点。（1）少数人对大多数人的压迫。我们所敬畏的政治权威的复杂结构，压制并剥削着大多数人。一般情况下，古代城市中的人口很大部分由奴隶组成。正是他们建造了金字塔、寺庙和宫殿。而那些“伟大的”文明通常都是帝国，它们通过军事征伐和系统地剥削他人而建立。柯布博士的朋友、罗马俱乐部资深成员大卫·柯藤博士称这种文明为“帝国文明”，并指出：“这种体制致力于以牺牲多数人的利益来保护少数人的权力与财富。”[②]（2）男性对女性的压迫。特别典型的是在高级文明中，随着军事行动变得越来越重要，男性控制了公共生活，而妇女成为他们的财产。在这里，包括女性在内的大多数人的生活显然并没有随着文明的进步而受惠。柯布指出：“如果我们是根据大多数人的生活质量来判断的话，那么，这些伟大的文明就比先前的那些狩猎和采集社会更为糟糕。”[③]

如果说，古代文明并没有使大多数人因它而受益的话，那么，现代文明是否优于古代文明，能够提高社会大多数人的生活品质呢？

---

① 小约翰·柯布：《文明与生态文明》，李义天译，载《马克思主义与现实》2007年第6期。

② 大卫·柯藤：《生态文明与共同体理论》，王爽译，2018年4月27—28日第12届克莱蒙生态文明国际论坛大会上的发言。

③ 小约翰·柯布：《文明与生态文明》，李义天译，载《马克思主义与现实》2007年第6期。

第二节　工业文明是一种内含自毁基因的文明

柯布认为，在现代世界，上面所说的文明的消极方面似乎已经有所改变，奴隶制已被废除，妇女们的公共地位也已得到很大的提升，在一些公众场合，人们已经能在某种程度上听到弱势群体的声音。但我们是否据此就可以得出结论：较之于古代文明，现代文明已变得仁慈宽厚？文明在进步、在提升？

1. 现代文明是一种工业文明

的确，现代文明与古代文明是非常不同的。然而，两者之间的差异与改变显然要部分地归因于工业革命。因此，现代文明不仅是城市文明，更是一种工业文明。

如果说古代文明将人分为高低等级，女性与奴隶处于社会的底层，他们的生活品质并没有随着文明的发展而获得提高的话，那么，工业革命导致的社会后果则是更为可怕的。因为不仅多数人并未从中获益，而且整个星球都遭受了不可逆的破坏。

首先，正如马克思曾经指出的那样，工业文明导致了人的异化，它将丰富的有血有肉的人异化为生产线上一个个枯燥无味的片断，人被非人化、人被机器化。人而不人，又何来生活品质的提高？这一点在卓别林的电影《摩登时代》里有非常形象的体现，即工人被机器锁住，最终成为流水线上的一个部件。有活力的、能独立存在的、有充分感觉的生命在这里被降到最低程度：只要能适合机器要求的一点点生命就行了。

今天，那些高度工业化的国家的工人们的生活工作条件虽然得到了极大的提高，这要归功于马克思的理论与呼吁。但在将他们从筋疲力尽的劳动中解放出来的同时，他们又成为消费机器的一部分。总之，“人类在资本主义体系中没有一个位子，或者毋宁说，资本主义承认的只有贪婪、贪心、骄傲以及对金钱和权力的迷恋。”①

其次，随着工业革命的拓展，那些曾经生活在乡村或小村落的农民失去了他们赖以为生的土地，一无所有的他们不得不离乡背井来到城市，从而形成了大规模的城市贫民窟，那里又成为资本家任意剥削和压榨廉价劳工的“蓄水池”。“据估计，在一些比较大的城市里，多达城市总人口的1/4的人是乞丐和靠救济生活的：正是这种剩余劳动力被经典的资本主义认为健康的劳动力市场，在这种市场上，资本家可以按其自己的条件雇用工人，并且不用事先通知就可以随意解雇工人，不必考虑工人今后怎样生活或是在这样不人道的情况下城市将会怎样。巴黎警察厅长在1684年的备忘录中讲到，‘惊人的悲惨生活折磨着这个大城市的大部分人口’。约有4万至4.5万人沦为赤贫的乞丐。巴黎的这种情况并不是独一无二的。”②

可见，工业化的过程实际上也是一个城市化的过程。在西方，“城市化率被看作现代化进程的核心指数与主要尺度”。田园牧歌式的乡村生活的消失被视为是现代化进程的一个必然，更有西方学者将城市讴歌为“人类最伟大的发明”，用“城市的胜利”来赞美现代城市化的一路辉煌。柯布指出：“中国正在仿效美国模式的许多特征，这是无争的事实。”③ 因此，在今天的中国，城市化也被很多人看作中国经济未来增长的主要支撑，是社会进步的体现。截至2015年底，中国城镇人口统计数字为77116万人，城镇人口占总人口的比重为56.1%。④ 这意味着中国的城市人口已经超过了农村人口，中国用30多年的时间走完了西方200年的城市化历程。然而，这种“中国速度的城市化”作为“中国经济社会高速与持续发展的重要成果与象征”，在引发中国人的民族自豪感和全球瞩目的同时，所带来的问题也是触目惊心的。据中国科学院院

---

① 刘易斯·芒福德：《城市发展史——起源、演变和前景》，宋俊岭、倪文彦译，北京：中国建筑工业出版社，2005年，第430页。

② 刘易斯·芒福德：《城市发展史——起源、演变和前景》，宋俊岭、倪文彦译，北京：中国建筑工业出版社，2005年，第448页。

③ 小约翰·柯布：《中国应走可持续城市化之路》，见王治河、霍桂恒、任平主编：《中国过程研究》（第二辑），北京：中国社会科学出版社，2007年，第246页。

④ 国家统计局：《2015年中国城镇化率为56.1%》，http://www.ce.cn/xwzx/gnsz/gdxw/201601/19/t20160119_8371558.shtml。

士、上海交通大学校长张杰教授的概括，现代城市化的弊端主要体现在两个相互联系的方面：

一是“城市病”。表现在住房、交通、环境、就业、安全、卫生等方面的“城市病”，日益严重地威胁着中国城市的可持续发展。仅以城市地下水为例，据新华网报道，有关部门对118个的城市连续监测数据显示，约有64%的城市地下水遭受严重污染，33%的地下水受到轻度污染，基本清洁的城市地下水只有3%。

二是“城市文化病”。在城市道路日益拓宽、新建筑层出不穷、人口大量增加等繁华表象的背后，对城市本身的怀疑、失望、厌恶、憎恨甚至敌视等极端心态与行为也与日俱增。著名作家赵本夫用文学家的笔触描述了上述弊端。他将今日的城市化时代命名为“无土时代”。在他看来，城市吞并了农村的土地，用钢筋、水泥、沥青、砖块等现代物质将其覆盖，彻底切断了人与土地的关系。城市里的污浊之气、不平之气、怨恨之气、邪恶之气、无名之气，无法被大地吸纳排解，一团团在大街小巷飘浮、游荡、汇集、凝聚、发酵，熏昏了人的头脑，败坏了人的脏腑，污染了人的血液。[①] 虽然对现代城市化的批评不无激越偏颇之处，但现在的确到了认真盘点和反思现代城市化，即“西式城市化”的时候了。诚如学者周膺所言，在当前历史条件下，现代城市模式正在演化为一场巨大的灾变。

此外，随着经济全球化，资本的剥削对象不再局限于本国人民，更是拓展到资本所到之处，拓展到那些发展中国家。对那些国家的工人，资本几乎毫不关心他们的福利，从而使得他们的境遇连以前的奴隶都不如，因为“奴隶主对奴隶的健康拥有一种经济上的利益。这就为他们对奴隶的剥削设置了某种限制”[②]，而工厂主“没有在工人身上做投资。如果有工人生病或者死亡了，其他工人可以取代他们的位置”[③]。

“有史以来从未有如此众多的人类生活在如此残酷而恶化的环境中，这个环境，外貌丑陋，内容低劣。东方做苦工的奴隶，雅典银矿中悲惨的囚徒，古

---

① 郭钇杉：《城市化批判五人谈》，载《中华工商时报》2010年11月19日。

② 小约翰·柯布：《文明与生态文明》，李义天译，载《马克思主义与现实》2007年第6期。

③ 小约翰·柯布：《文明与生态文明》，李义天译，载《马克思主义与现实》2007年第6期。

罗马最下层的无产阶级——毫无疑问，这些阶级都知道类似的污秽环境，但过去人们从未把这种污秽环境普遍地接受为正常的生活环境，正常而又不可避免的。”① 在今天，这一切都被视为正常的生活环境而被普遍接受，甚至被合法化了。

据联合国的报告，“目前有8.28亿人居住在贫民窟，这一数字还在不断上升。”② 贫民窟、次贫民窟、超级贫民窟，这就是工业文明的进程。用芒福德的话说：“工业主义，19世纪的主要创造力，产生了迄今从未有过的极端恶化的城市环境。”③

不仅工人们的居住环境是如此的恶劣，而且他们的工作环境也有过之而无不及，这些工厂有如“黑暗的蜂房，叮叮哃哃，喧闹不休，满天烟雾，乌烟瘴气，一天有12小时甚至14小时都是这样，有时整天整夜都如此，矿井下奴隶般的劳动，原先是对犯罪分子的有意惩罚，但后来却变成产业工人天经地义的正常生活环境了。”④

即使在今天，血汗工厂也在世界各地屡见不鲜。据报道：“2015年，《纽约时报》曾发表了一篇引起巨大轰动的长文，揭开了巨头亚马逊光鲜背后极为丑陋的一面。报道中提到，在亚马逊仓库中，员工会受到复杂电子系统的监控，以确保他们每小时包装足够的箱子。2011年，亚马逊曾因工作环境恶劣遭到抨击，宾夕法尼亚州东部一个仓库的工人因在100华氏度（约37.8摄氏度）以上的高温下劳作而晕倒了。”⑤ “很多亚马逊工人工资非常低。经常有媒体、政客指责亚马逊‘压榨薪水’，导致员工被迫申请国家援助，只能依赖公共援助的食品券、医疗补助或住房维持生计。”⑥ 世界银行两年一期的《贫困与共享繁荣：拼出贫困的拼图》报告称，“2015年全世界有19亿人每天生活

---

① 刘易斯·芒福德：《城市发展史——起源、演变和前景》，宋俊岭、倪文彦译，北京：中国建筑工业出版社，2005年，第487页。

② http：//www.un.org/sustainabledevelopment/zh/cities/.

③ 刘易斯·芒福德：《城市发展史——起源、演变和前景》，宋俊岭、倪文彦译，北京：中国建筑工业出版社，2005年，第462页。

④ 刘易斯·芒福德：《城市发展史——起源、演变和前景》，宋俊岭、倪文彦译，北京：中国建筑工业出版社，2005年，第461页。

⑤ https：//www.huxiu.com/article/308944.html.

⑥ https：//www.huxiu.com/article/308944.html.

费低于3.2美元，占人口总数的26.2%。世界人口近46%每天生活费低于5.5美元。"①

总之，与古代文明一样，现代工业文明仍然没有让世界上绝大多数人获益。其原因正如柯藤博士所分析的那样，人类现今管理社会秩序的体制"本质上是过去帝国文明的残余，它在5000年前就已经存在。"② 它的宗旨仍然是以牺牲多数人的利益来保护少数人的权力与财富，其结果必然是，"如今大多数城市定居者的生活，比不上他们史前时代的祖先过得那么令人满意"③。"不论在老的或新的工人区里，那种又臭又脏的情况实在难以形容，还不及中世纪农奴住的茅屋。"④ 因此，柯布博士一针见血地指出："我们对于文明具有优良品质的那种根深蒂固的假设，至少是被夸大了。"⑤

既然如此，我们还能说这种文明是进步的吗？

2. 现代文明正在毁灭星球

对这个观点，有人也许会不以为然，认为它太耸人听闻了。殊不知，现代文明行至今天，其自毁的结局却越来越明显。因为随着现代工业文明与自然的疏离日益增大，文明不仅与人性，而且正与自然、星球、整个生态系统背道而驰，导致了人类有史以来"最大的危机"，致使"整个世界处于危机之中"。⑥ 柯藤博士也指出："我们已经到达了人类历史上的决定性时刻。除非我们能够找到一条全人类共同的、能够与地球自然系统保持均衡关系的、满足地球人口的基本物质需求的生态文明之路，否则我们就有可能成为首个故意自我灭绝的地球物种。"⑦

---

① 《世界近半数人口每天生活费不到5.5美元》，https：//www.shihang.org/zh/news/press-release/2018/10/17/nearly-half-the-world-lives-on-less-than-550-a-day。

② 大卫·柯藤：《生态文明与共同体理论》，王爽译，2018年4月27—28日第12届克莱蒙生态文明国际论坛大会上的发言。

③ 小约翰·柯布：《文明与生态文明》，李义天译，载《马克思主义与现实》2007年第6期。

④ 刘易斯·芒福德：《城市发展史——起源、演变和前景》，宋俊岭、倪文彦译，北京：中国建筑工业出版社，2005年，第475页。

⑤ 小约翰·柯布：《文明与生态文明》，李义天译，载《马克思主义与现实》2007年第6期。

⑥ 小约翰·柯布："《生态文明与马克思主义》序"，见李惠斌、薛晓源、王治河主编：《生态文明与马克思主义》，北京：中央编译出版社，2008年，第1页。

⑦ 大卫·柯藤：《生态文明与共同体理论》，王爽译，2018年4月27—28日第12届克莱蒙生态文明国际论坛大会上的发言。

如果说古代文明，人与自然的原初关系还未受到根本性破坏的话，那么，现代文明却逆此而动，走上了一条试图战胜自然、超越自然，从而最终可能毁灭人类乃至毁灭整个星球的不归之路。

理解这一点，柯布认为还是要回到历史，回到人与自然的原初关系之中。“在该关系里，人类是作为一个更大的自然生态系统的一部分而活动，换言之，就是像其他物种那样活动。这种自然生态系统会随着时间的流逝而趋向富饶。土壤更肥沃，植物更具多样性并更能承受暂时的天气变化而存活，动物的数量也更为丰富。如果把整个星球当作一个整体，那么直到一万年前，这种趋势都是占主导地位的。”①

这种趋势不仅曾受到自然灾害的挑战，也曾受到古代文明的挑战。柯布博士指出，那些“从事狩猎和采集的人群，有时也给生态环境带来十分消极的影响。比如说，可能是他们赶尽杀绝了北美洲的大型哺乳动物。而在猛犸完全灭绝的过程中，他们或许也起到了一些作用。他们使用火，但这常常令生态系统的自然状态变得更糟”②。尽管如此，他们对自然的看法并没有发生根本性的变化，他们仍然认为人类只是诸多物种中的一种，自然与人类的关系就像母亲与孩子的关系一样。他们可以因同其他物种相竞争并为自己的胜利而骄傲，但在根本上，他们仍然把自己看作一个更大整体的一部分，不会也没有能力以一种毁灭性的方式来开发自然环境。因而，古代的文明“并没有给自然景象带来骇人的改变”③。用汤因比的话说，“距今二三百年以前，无论人类还是地球上的其他生物都还没有发展到毁坏自然而强行制造人为环境的程度”④。

这种对自然的理解，我们今天还能在那些原住民文化中看到。“这些原住民把自己理解成为自然世界的组成部分，他们以一种合乎生态的方式生活其中。”⑤ 他们从不以占有者的心态来对待土地。

然而，这种趋势在现代文明初期开始发生变化。

---

① 小约翰·柯布：《文明与生态文明》，李义天译，载《马克思主义与现实》2007年第6期。
② 小约翰·柯布：《文明与生态文明》，李义天译，载《马克思主义与现实》2007年第6期。
③ 小约翰·柯布：《文明与生态文明》，李义天译，载《马克思主义与现实》2007年第6期。
④ 汤因比、池田大作：《展望21世纪——汤因比与池田大作对话录》，荀春生、朱继征、陈国梁译，北京：国际文化出版社，1999年，第30页。
⑤ 小约翰·柯布：《文明与生态文明》，李义天译，载《马克思主义与现实》2007年第6期。

以北美为例。在欧洲人到达美国东海岸时，北美有着大片的森林、清澈的湖水与河流以及丰富的野生动植物，还是一个没有被人类所破坏的健康的生态系统。然而随着现代化的血雨腥风，作为文明进程的一部分，原住民遭到几近种族灭绝的屠杀，那些原住民头领们则作为人质，被迫离乡背井，独自生活在遥远的异乡，他们“此时心中只留有自己故土的景象，而难以将他乡作故乡。就这样，他们与自然的关系逐渐疏远了”[①]。与此同时，“那种曾支撑其文化的壮丽的生态系统，则被看作是‘荒野’，需要被加以‘驯化’，直至它们成为能够为经济发展服务的‘自然资源’。这意味着森林消失，河流污染，土地遭到腐蚀”[②]。

在人类与自然相疏离的过程中，柯布博士认为，西方的宗教文化也扮演了一个重要的角色。他说，这里最引人注目的就是希伯来人或以色列人的流亡经历。流亡意味着居无定所，始终是他乡即故乡，也意味着与其深爱的自然环境之间的生存断裂，从而加剧了人类与自然的分离。而这影响到他们的信仰，其结果就是以色列人的神并不与任何地点绑定在一起。“他们既可以崇拜耶路撒冷神庙中的神，也可以崇拜巴比伦神庙中的神。”[③] 信仰者真正的家完全是在另一个世界，在天国、在彼岸世界，他们只不过是这个世界上的匆匆过客。

在犹太教中，“认为人类是最接近神的存在的，所以理所当然地要征服其他生物和自然，使其为人类服务”。[④]

考虑到基督教徒可以将其源头上溯至希伯来人或以色列人的历史，受其影响，基督徒则通过强化上帝的普世性/无所不在（universality），切断了同任何特定一方水土的联系。在西方文明中，人与自然的疏离就是这样一步一步地产生的。在这个过程中，宗教确实应当承担部分责任。

不仅如此，现代西方哲学对这种文明的危机也负有不可推卸的责任。因为与自然的疏离，得到了他们的强烈支持。著名现代启蒙思想家洛克就曾说：

---

① 小约翰·柯布：《文明与生态文明》，李义天译，载《马克思主义与现实》2007年第6期。

② 小约翰·柯布：《文明与生态文明》，李义天译，载《马克思主义与现实》2007年第6期。

③ 小约翰·柯布：《文明与生态文明》，李义天译，载《马克思主义与现实》2007年第6期。

④ 汤因比、池田大作：《展望21世纪——汤因比与池田大作对话录》，荀春生、朱继征、陈国梁译，北京：国际文化出版社，1999年，第31页。

"否定自然是人类通往幸福的唯一道路。"①

柯布指出："笛卡尔曾成功地提倡用新的机械论自然观来替代传统的基督教的有机论自然观。对经济学家而言，自然任何部分的价值，都仅仅取决于它能在市场上带来怎样的价钱。伊曼努尔·康德在与自然相疏离这一问题上则走得更远。他否认我们拥有任何可以用于肯定自然本身具有实在性的基础。时至今日，许多哲学家鼓动我们，要把关注的焦点聚集在我们的语言上而不是外部世界。"② 其结果便是人类与自然渐行渐远，在经济上，自然只是作为有用、作为资源而具有存在的意义，"土地" 变成了完全是为了 "定居和占有的；土壤是为了耕种，森林是为了木材，河流是为了旅行，为了田园灌溉，为了发电，狼，熊和蛇等这样的动物的存在就是为了被猎杀；海狸，鹿，兔子，鸽子这样的动物则是为了提供毛皮或者食物，生活在溪水河流和海洋里的各种鱼类，是为了人类的捕捞。"③ 一言以蔽之，"自然成为人类欲予欲求的" 能量提供者，成为现代技术和工业的 "唯一巨大的加油站和能源"④ 以及垃圾场，其结果就是气候变化、大气污染、水体污染、土地污染、食物污染、森林骤减、生物灭绝等一系列生态灾难的发生，使本应生机勃勃的春天成为没有鸟鸣、鱼类绝迹的 "死寂" 的春天。

在科学上，自然是作为客体被研究的。北美印第安人曾经说，"白人" 从不关心被砍伐的树是否 "疼痛"，"从不关心大地或鹿或熊。他们杀死一切"。⑤

在人与自然的关系中，人占据主导地位，人成为自然的主宰，自然只是对人有用的资源，只是被人类奴役的对象，人类控制了许多物种，也自以为控制了自然。"19 世纪工业技术时期的铁路给大地带来了巨大的伤痕

---

① Jeremy Rifkin, *The Empathic Civilization*, TarcherPerigee, 2009, p. 617.

② 小约翰·柯布：《文明与生态文明》，李义天译，载《马克思主义与现实》2007 年第 6 期。

③ 托马斯·贝里：《伟大的事业：人类未来之路》，曹静译，张妮妮校，北京：生活·读书·新知三联书店，2005，第 144 页。

④ 海德格尔：《充足理由律》，见 G. 绍伊博尔德：《海德格尔分析新时代的科技》，北京：中国社会科学出版社，1978 年，第 52 页。

⑤ William A. Young, *Quest for Harmony*: *Native American Spiritual Traditions*, New York: Seven Bridge Press, 2002, p. 348.

和裂口：大部分路堤在很长时间内没有种上树，大地上的伤痕也没有及时治疗。"[①]

从此，人类中心主义一路高歌，目前地球上几乎没有什么地方是人类所不能达到的，撒哈拉大沙漠、喜马拉雅山脉的最高山峰，甚至大洋的深处也都深深烙上了人类的印迹，以至于到了今天，人类在地球上的扩张与统治已经对地球本身形成了严重的威胁。增长可以无限，但地球资源有限，全球的油气储量将在 2050 年耗尽，地球上大量可以利用的淡水资源正在不断减少，且已经低于人类的正常需要，地下蓄水层将被耗尽。全球气候变暖也不可逆地发生了，冰川继续融化，海平面持续上升，许多三角洲和沿海低洼的土地将会被海水淹没，成千上万的人将成为生态难民，不得不背井离乡寻找新家园。与此同时，过量的甲烷仍然会被释放到大气中，人类已经改变了整个地球的大气层，依赖冰川的河流（包括黄河和长江）都将断流或者时断时续地流淌。暴风雨将更加猛烈、更具破坏性。洪水和干旱都会有增无减。那时，人们会要求农业用少得多的耕地养活多得多的人，而土壤却日益恶化并遭到化肥与农药的双重侵蚀与污染。此外，海洋酸化，珊瑚礁死亡，过度捕捞，以及持续破坏栖息地，都会减少海洋的食物供应……

不可持续的城市化进程也使情况变得更为可怕。柯布指出，迄今为止，"我们没有美国可持续性城市化的范例"。[②] 因为它们都是建立在石化燃料的基础之上的。而中国正在仿效美国的城市化，他说："据我猜测，如果目前这种趋势继续下去，不出一二十年，就会有数以亿计的现在的农村人口不得不被城市化。"[③] 其结果就是"在中国很快就会出现不可持续性的行为"。[④] 他进一步指出："如果中国过分依赖石油，美国又控制石油，中国将不再是一个独立的

---

① 刘易斯·芒福德：《城市发展史——起源、演变和前景》，宋俊岭、倪文彦译，北京：中国建筑工业出版社，2005 年，第 465 页。

② 小约翰·柯布：《中国应走可持续城市化之路》，见王治河、霍桂恒、任平主编：《中国过程研究》（第二辑），北京：中国社会科学出版社，2007 年，第 246 页。

③ 小约翰·柯布：《中国应走可持续城市化之路》，见王治河、霍桂恒、任平主编：《中国过程研究》（第二辑），北京：中国社会科学出版社，2007 年，第 246 页。

④ 小约翰·柯布：《中国应走可持续城市化之路》，见王治河、霍桂恒、任平主编：《中国过程研究》（第二辑），北京：中国社会科学出版社，2007 年，第 246 页。

国家。就这种前景而言，我作为一个美国人忧心忡忡。我想中国人对此会更加忧虑。”①

时至今天，柯布认为，事实可能比上述状况更为糟糕。因为生态灾难的发生已经不可逆转，由此引发的社会巨大动荡也已经显现，“那种认为迁移数亿人也会人马平安的想法只是美好的愿望。资源战争已经开始，不使用暴力，饥饿的非洲人可能就不会允许别人开采资源。在美国，只有国防部才有现实的规划，其现实主义的行为中包括了如何将尽可能多的痛苦转移到其他人身上的问题。此外，这些推测预设了不可能的前提，即我们立即停止将过多的碳排放到空气中。”② 世界末日或星球末日已经不再是杞人忧天。

可见，现代工业文明的危机实质上是一种生态危机，是整个星球的危机。这也是为什么柯布博士用“选择死亡”来形容现代工业文明。既然如此，重新反思文明特别是现代文明就显得前所未有的迫切与必要。

第三节　走向一种可持续的生态文明

尽管人类文明的末日模式已经开启，但是柯布博士并没有放弃拯救人类和地球的卓绝努力，他希望所有文化、所有国家、所有人民都能投身于这一启蒙与唤醒的运动之中，以使人类能够放缓“这种自我戕害的速度”。

刘易斯·芒福德指出：“我们的文明正面临着一个高度集中的、超机体的体系的无情延伸和扩张，这个系统缺乏由自治自主的一些单位组成的中心，这些中心能自行选择，进行控制，特别是能自行决定问题并作出反应。这个问题是我们未来城市文化的中心问题，解决这个问题的关键是要建设一个更为有机的世界，这个世界将能重视所有活的有机物和人类的个性。那些愿意为形成这个有机的和有人类特性的概念而贡献力量的思想家早已在开始

---

① 小约翰·柯布：《中国应走可持续城市化之路》，见王治河、霍桂恒、任平主编：《中国过程研究》（第二辑），北京：中国社会科学出版社，2007 年，第 247 页。

② 小约翰·柯布：《中国的独特机会：直接进入生态文明》，王伟译，载《江苏社会科学》2015 年第 1 期。

工作了。”[①] 柯布博士就是这样的思想家之一，他早在20世纪70年代初就已经为形成芒福德所说的“有机的和有人类特性的概念”贡献力量了。

柯布对文明的重新审视与反思，始于文明的哲学基础。因为在他看来，观念改变世界。在文明的发展进程中，观念扮演了一个必不可少的重要角色。如果不从根本上改变旧有的哲学观念，新文明的构建也只能是水中月、镜中花。

文明是建立在某些基本的哲学观念之上的。观念不同，世界的愿景也就有所不同，文明的形式与内容也就会非常不同。以现代工业文明为例，该文明就是建立在现代西方哲学的实体观念之上的，所以它是一种个人主义的文明形式；现代西方哲学推崇的二元论，直接导致了其思维方式必然是非此即彼的二元对立思维，导致了它是一种城市消灭农村的文明形式；现代西方哲学对理性的片面强调，导致了它是一种建立在左脑之上的文明，一种以经济主导的文明，一种消费主义的文明，也是一种依赖于石化燃料的文明，更是一种强调竞争的文明。这种文明已经忘记了“人类只有与自然——即环境融合，才能共存与获益”[②]。显然这是一种人类中心主义的文明。著名生态马克思主义理论家福斯特将这种文明称为“人类纪时代”（The Anthropocene Epoch）。

总之，现代工业文明是个体摧毁共同体的文明，是城市摧毁农村的文明，是理性摧毁感性的文明，是竞争摧毁和谐的文明，是抽象摧毁具体的文明，是消费摧毁生活的文明，是金钱摧毁精神的文明，是知识摧毁智慧的文明，是虚无摧毁价值的文明，是人类摧毁自然的文明。概而言之，它是一种内含自毁基因的文明，是一种不可持续的文明。而这一切的源头，都可以在现代西方哲学的实体观念中发现其端倪。因此，新文明的构建或许可以始于一种新的哲学观念，这种观念已经出现，这就是怀特海的有机哲学，特别是它的“动在”“互在”概念以及其独特的价值观（这部分详见本书最后一章）。

与建立在“实体”观念之上的现代西方工业文明不同，建立在“动在”观念之上的文明，则是生态文明或后现代文明。用芒福德的话说，即“矛盾

---

① 刘易斯·芒福德：《城市发展史——起源、演变和前景》，宋俊岭、倪文彦译，北京：中国建筑工业出版社，2005年，第579页。

② 汤因比、池田大作：《展望21世纪——汤因比与池田大作对话录》，荀春生、朱继征、陈国梁译，北京：国际文化出版社，1999年，第29页。

百出的工业文明注定要被一代新的历史文明所取代，这新一代的历史文明应当是生态文明”①。柯布指出，有些人“把‘生态文明’（ecological civilization）看作是一种‘矛盾修饰法’（oxymoron）。所谓矛盾修饰法，是指相互抵触的语词的结合。如果文明本身就是非生态的（non-ecological），那‘生态文明’当然就是一种矛盾修饰”②。在他们那里，认为生态与文明是相互矛盾的，也就是说要生态就不能要文明，反之亦然。熊掌与鱼不能兼得。以往的文明观确实暗含着反生态的倾向，包含着自毁的因子。但在柯布那里，如果以有机哲学的视角来构建一种新的文明观，那么生态与文明并不必然相互冲突，一种可持续的文明形式即生态文明不仅是可能的，也是必然的，如果人类不想灭绝的话。

这种文明是史无前例的，是对以往所有人类文明的超越，根据柯布的思想，我们可以用表2－1列出这个生态文明的基本愿景。

表2－1 后现代生态文明与现代工业文明比较

后现代生态文明与现代工业文明比较		
内容	聚焦点/Focus	聚焦点/Focus
文明类型/Civilization type	后现代生态文明/Postmodern Ecological Civilization	现代工业文明/Modern Industrial Civilization
科学/Science	量子力学/Quantum Theory	牛顿力学/Newtonian Mechanics
哲学/Philosophy	有机哲学（量子场或气）/Philosophy of Organism（Quantum Field or Qi）	机械哲学（实体）/Philosophy of Mechanism（Substance）
思维方式/Way of Thinking	综合/Comprehensive	碎片式/Fragment
世界观/World View	有机整体主义/Organic Holism	人类中心主义/Anthropocentrism
前景/Future	光明前景/Bright Future	错误前景/Wrong Future
能源/Energy	再生能源/Regenerative Energies	化石燃料/Fossil Fuel

① 刘易斯·芒福德：《城市发展史——起源、演变和前景》，宋俊岭、倪文彦译，北京：中国建筑工业出版社，2005年，第16页。

② 小约翰·柯布：《文明与生态文明》，李义天译，载《马克思主义与现实》2007年第6期。

（续表）

后现代生态文明与现代工业文明比较		
内容	聚焦点/Focus	聚焦点/Focus
心理/Psychology	共情心/Compassion	理性/Reason
生理/Physiology	全脑（我体验故我在）/The Whole Brains I experience therefore I am	左脑（我思故我在）/Left Brain I think therefore I am
经济/Economics	GDH（共同福祉）/For the Common Good Time is life 时间就是生命/Living Economic	追求 GDP 利润/For GDP and Profit 时间就是金钱/Time is money
政治/Politics	道义民主/Democracy with Dao	西式民主/Western Democracy
教育/Education	智慧/Wisdom	知识/Knowledge
农业/Agriculture	有机农业/Organic Agriculture	工业化农业/Industrialized Agriculture
城市/City	生态城市/Eco City	现代城市/Modern City
生活方式/Life style	简单型/Simple Life	消费型/Consumerism
社会/Society	共同体/Community 共同体中的个人/Person-in-community	个人主义/Individualism 孤绝的原子般的个人/The isolated atomic individual
规模/Scale	Localization with Globalization 地方化与全球化的结合	Globalization without Localization 单一的全球化
传统/Tradition	传统与时俱进/Tradition with Open Mind	抛弃传统/Abandonment of the Tradition
关系/Relationship	和谐、内在/Harmony and Intrinsic	对立、外在/Competitive and External
价值/Value	内在价值/Intrinsic	外在价值/External
美/Beauty	重视/Emphasizing	忽视/Neglecting
精神/Spirituality	旨在精神境界的提升/Aim at spirituality	旨在财富占有/Aim at material possession

通过这张表不难看出，后现代生态文明是对工业文明全方位的超越，是一场伟大的系统性的变革。

哲学上，后现代的生态文明不是建立在实体哲学的基础之上的，而是建立在有机哲学基础上。

政治上，它拒绝人类中心主义，追求整个星球的“生态正义”。

经济上，它拒绝利益最大化和所谓的“无限增长”，追求人与自然的“共同福祉”。

生活上，它拒绝以物质财富的占有为旨归的消费主义，追求生活的意义与幸福，倡导简朴的生活方式。

农业上，它拒绝工业化农业，主张有机农业和生态农业。

能源上，它不是建立在石化能源的基础之上，而是建立在可回收、可循环的清洁能源的基础之上。

关系上，它拒绝竞争崇拜，追求双赢和共赢的局面。

在整体与个体的关系上，它拒绝个人主义，追求个体与共同体的共生共荣。

教育上，它拒绝单纯的知识灌输，追求智慧和人的全面发展。

规划上，它拒绝城市文明的一头独大，追求城乡互补并茂，主张发展生态城。

文化上，它拒绝文化沙文主义和文化保守主义，鼓励不同民族、不同文化、不同宗教背景的人相互尊重、相互学习，面对本民族、本地区所面临的生态危机的挑战，根据具体国情，既大胆开放，又发扬其文化的长处，与时俱进，发展出一种适应其具体国情的生态文化。

生理上，它不是建立在左脑的基础之上，而是建立在右脑与左脑同时并进的基础之上。

心理上，它拒绝纯粹理性，推崇共情心和慈悲心。

思维上，它拒绝机械思维，主张用一种有机的方式看世界、看宇宙。

关于上述生态文明愿景的详情，将在以下诸章中一一道来。

第三章　后现代生态文明经济观

经济学（确切地说是“现代经济学”）怎么啦？尽管经济学是唯一被授予诺贝尔奖的社会科学，被人们誉为“社会科学皇冠上那颗最为璀璨的明珠”，但早在20世纪70年代，就已经有人开始反思经济学并“把经济视为巨大的罪恶之源”了。[①] 在许多人为现代经济所取得的辉煌成就欣喜若狂时，柯布博士等人已经将它们称为“似是而非的经济成就”了。[②] 在柯布看来，面对越来越多的严峻的客观事实，现代经济学的许多刻板教条日益露出败象。这些事实包括对自然环境的严重破坏、对人类心理的严重伤害、对社会秩序的严重冲击以及对道德伦理的严重践踏等，它们无不显示着“经济学正面临危机”[③]。而且，随着岁月流逝，曾经耀眼的经济成果的玫瑰红开始褪色，其破坏性的后果却变得日益突出。“人类正被引入一个死胡同—— 一点也不夸张。我们以一种死亡意识形态为生，相应地，我们摧毁人类自身，也戕害地球。即使我们这种破坏所取得的伟大成就，即物质上的富足，现在也正让位于贫穷。”[④] 这一切的一切，现代经济学难辞其咎。因此，柯布认为，重新深刻反思经济学特别是现代

---

① 赫尔曼·E. 达利、小约翰·B. 柯布：《21世纪生态经济学》，王俊、韩冬筠译，杨志华、郭海鹏校，北京：中央编译出版社，2015年，第4页。

② 赫尔曼·E. 达利、小约翰·B. 柯布：《21世纪生态经济学》，王俊、韩冬筠译，杨志华、郭海鹏校，北京：中央编译出版社，2015年，第5页。

③ 赫尔曼·E. 达利、小约翰·B. 柯布：《21世纪生态经济学》，王俊、韩冬筠译，杨志华、郭海鹏校，北京：中央编译出版社，2015年，第6页。

④ 赫尔曼·E. 达利、小约翰·B. 柯布：《21世纪生态经济学》，王俊、韩冬筠译，杨志华、郭海鹏校，北京：中央编译出版社，2015年，第21页。

经济学理论是非常必要与迫切的，他呼吁在经济学领域进行一种范式的变革。他说："未来40年里，全球体系将会改变，因为按照自然法则，它必须改变。但如果到了现实逼迫我们不得不改变的时候，那时的选择将会很少，而且不会具有任何吸引力。"① 然而，尽管在不得不改变之前改变，或在仍有改变机会时选择改变，都难以避免苦难和危机，但带着对更加美好世界的现实期盼，一种新的全球体系可以在苦难和危机中建立。

第一节　"经济主义的内涵及特征"

1. 何谓"经济主义"？

虽然可以从多种角度界定现代经济学，但在作为后现代思想家的柯布博士看来，现代经济学理论在根底上是典型的经济主义的产物。柯布认为："每个社会都有其所推崇的价值核心，这是整个社会得以维系的重要条件，也是社会成员得以了解自身和在社会立足的必要条件。"② 在中世纪的欧洲，基督教构成了当时社会的价值核心，文艺复兴以后，则是民族主义取而代之；第二次世界大战以后，经济主义则取代了民族主义而成为主导整个世界历史的力量，它代表的是一种毁灭性的价值观。它在当下最重要的表现形式就是新自由主义经济学（Neoliberal Economics）。

所谓经济主义（economism），是一种将经济增长作为社会首要考量的意识形态。按照柯布的分析，"经济主义是我们时代占统治地位的宗教"③。经济主义的基本理论内涵可概括为如下三个方面：

其一，将经济价值视为首要价值并由其决定国家乃至国家之间的政策，

① 赫尔曼·E. 达利、小约翰·B. 柯布：《21世纪生态经济学》，王俊、韩冬筠译，杨志华、郭海鹏校，北京：中央编译出版社，2015年，第21页。

② 王俊：《经济主义的"乌托邦"——小约翰·柯布对经济主义的批判与反思》，载《现代哲学》2013年1期。

③ John B. Cobb, Jr., *The Earthist Challenge to Economism*, Great Britain, Palgrave Macmillan, 1999, p. 1.

“所有其他价值都要从属于它”[①]。经济主义笃信：经济是人类生活中最重要的部分，社会应该以经济的扩张和经济的增长为中心进行组织。具体地说，“整个社会就是为经济增长而存在的”[②]。不论民族利益还是国家利益，都应服从经济利益，都应从属于经济目标，都应唯经济利益马首是瞻。

其二，在经济主义中，人被界定为“经济行动者（economic actor）、自主经济人（Homo economicus），是一种自足的个体”。[③] 这种“市场中的个体”是“全身心地投入个人的经济收入中”的人。[④] 因此，满足人的需求是经济活动的“唯一目的”，其他事物只有在作为满足人的需要这一目的的工具意义上“才会得到考虑”，任何其他的行动都被认为是“不合理的”。[⑤] 在经济主义者眼里，整个人类社会都是由这些完全孤立分离的经济人构成的，他们或者购买劳动力、服务、商品，或者出卖它们。人与人之间的丰富关系因此被简化为简单的市场交易关系。“经济只强调人类存在的几个方面而以牺牲其他方面为代价，因而导致了异化。”[⑥]

在对“经济人”的描述中，人的自利的本性不仅得到了强调，而且更受到讴歌，因为它是进步的动力。按照英国统计学家、数理统计学的先驱埃奇沃思的界定，“经济学的第一原理就是，每个行为主体都是受自利驱动的”。[⑦] 为了其他要考虑的事情而节制对财富的追求，不在经济人考虑的范围，也就是说，经济人根本没有节制的动机，利益最大化才是他的主要考量。

经济人的另一个特质是“具有贪得无厌的欲求”[⑧]。在现代经济学家看来，

---

① 王俊：《经济主义的“乌托邦”——小约翰·柯布对经济主义的批判与反思》，载《现代哲学》2013年第1期。

② John B. Cobb, Jr., *The Earthist Challenge to Economism*, Great Brain, Palgrave Macmillan, 1999, p.5.

③ 王治河主编：《全球化与后现代性》，桂林：广西师范大学出版社，2003年，第21页。

④ 王治河主编：《全球化与后现代性》，桂林：广西师范大学出版社，2003年，第49页。

⑤ 王治河主编：《全球化与后现代性》，桂林：广西师范大学出版社，2003年，第21页。

⑥ 赫尔曼·E. 达利、小约翰·B. 柯布：《21世纪生态经济学》，王俊、韩冬筠译，杨志华、郭海鹏校，北京：中央编译出版社，2015年，第4页。

⑦ Francis Ysidro Edgeworth, *Mathematical Psychics: An Essay on the Application of Mathematics to the Moral Sciences*, LONDON, C. KEGAN PAUL&CO., PATERNOSTER SQUARE, 1881, p.16.

⑧ 王治河主编：《全球化与后现代性》，桂林：广西师范大学出版社，2003年，第49页。

人类的需求永无满足之日，原有的需要被满足后，总会有新的需求产生出来，"对物质的需求如此强烈，以至于它永远不可能获得满足"[1]。因此，经济当然需要无限增长。

此外，经济人将金钱作为衡量事物价值的唯一标尺。工作就是挣钱，挣钱越多，意味着该工作越好，人就越成功。金钱多寡成为衡量一个人成功与否的标准。如果某个人换一个新的工作，挣得不如原有的工作多，甚至自愿减少收入，在经济人眼里都是不正常的或不可理喻的行为。

于是，现代经济学成为这样一个系统：它"如此完美以至于无需任何人是好人"。[2]

其三，政府是市场的仆役。经济主义认为，作为个体的经济人的活动是由市场而不是由政府组织起来的。通过"市场"这只"看不见的手"，通过对利润的追逐，社会进步得到自然而然的推动。因此，它坚信"市场是世事最好的仲裁"。相应地，"政府的基本功能"被界定为"服务市场"，政府的作用就是"代表和支持企业家阶级和富有的投资阶级"。经济主义者罔顾在很大程度上"正是政府使市场成为可能"这一铁的事实，而坚信政府永远是市场的障碍。与重市场、轻政府密切相连的是他们对私有化的大力尊崇和推广，要求将私有化的范围扩展到社会生活的所有方面，包括关涉国计民生的自然资源、公共交通、教育、法律、医疗保健等领域。他们认为，一切向钱看没有什么不合理的，通过经济人对利润的追求，通过经济主导社会的发展，社会的进步便可轻而易举地实现。

因此，经济原则被认为可应用到人类生活的一切领域、一切方面，人们可用经济衡量一切、估价一切。这也是为什么"发展"与"GDP"在其中扮演了极其重要的角色。在经济主义眼里，GDP与发展是重中之重，是解决一切问题的灵丹妙药，GDP提高了，就意味着经济增长了，其他问题也就迎刃而解了，而对那些生活中广泛存在的非经济部分，经济主义不是不屑一顾，就是

---

① 赫尔曼·E. 达利、小约翰·B. 柯布：《21世纪生态经济学》，王俊、韩冬筠译，杨志华、郭海鹏校，北京：中央编译出版社，2015年，第5页。

② 赫尔曼·E. 达利、小约翰·B. 柯布：《21世纪生态经济学》，王俊、韩冬筠译，杨志华、郭海鹏校，北京：中央编译出版社，2015年，第144页。

视而不见。

这种经济主义已经成为现代西方资本主义特有的主流意识形态，按照柯布的分析，“现代社会中最具影响力的思想都表达在现代经济理论中了”。[①] 要了解今日世界各个领域的种种乱象亦即柯布所说的“狂野的事实”[②]，就不能不了解现代经济学理论即新自由主义经济学。这也是在柯布的生态文明经济观中，对现代经济学的分析占据很大比重的原因所在。

2. 经济主义的承诺

按照柯布的分析，作为一种主流意识形态，经济主义向人们做出了如下美丽的承诺：

（1）财富的增加会消灭阶级斗争引发的贫穷问题。只要作为整体的蛋糕做大了，所有的阶级都会受惠。因此，没有必要从富人那里分一杯羹来提高穷人的生活水平。

（2）经济的增长可以提高就业率，并可把失业率控制在可以接受的范围内。比如，经济的增长会促使公司雇佣更多的雇员。

（3）当人们习惯于市场中所拥有的自由时，就会反过来要求参与政治生活的自由。这也就是说，市场可以提高人们的参政意识和推进民主进程。

（4）经济增长会带来人们人口观念的变化。随着经济的增长，人们会更倾向于要更少的孩子，这就不必采取强制措施来控制人口的增长。

（5）经济增长将会解决环境日益恶化的问题。物质生活水平的提高会促使人们更多地关心环境和采取必要的措施来保护环境。

（6）经济增长可以让人们有机会去追求更多的其他价值。[③]

这些承诺看起来很美，难怪长期以来新自由主义经济理论一直受到人们的追捧。人类社会的一切问题就这样被简化成了经济问题，将经济搞好了，人类

---

① 赫尔曼·E. 达利、小约翰·B. 柯布：《21世纪生态经济学》，王俊、韩冬筠译，杨志华、郭海鹏校，北京：中央编译出版社，2015年，第4页。

② 赫尔曼·E. 达利、小约翰·B. 柯布：《21世纪生态经济学》，王俊、韩冬筠译，杨志华、郭海鹏校，北京：中央编译出版社，2015年，第1页。

③ 樊美筠：《现代经济理论的失败：现代建设性后现代思想家看全球金融危机——柯布博士访谈录》，载《文史哲》2009年第2期。

将不会有烦恼，不会有纷争，贵为王子也好，贱为平民也好，都会从此过上幸福生活。

3. “GDP” 崇拜

经济主义用来衡量其成就的基本标准就是“GDP”，即英文“Gross Domestic Product”（国内生产总值）的缩写。这是对特定时间内一个国家或地区所生产的所有商品和服务的一种统计方法，通常被认为是“衡量一国经济体量大小的标准尺度”。据说它不但可以反映一个国家的经济状况，还可以反映一个国家的国力与财富，在评估国家成就方面扮演着重要角色。

GDP 作为一个生产概念，它与 GNP（Gross National Product）即国民生产总值既有联系，又有区别。后者作为一个收入概念，是从收入分配的角度来衡量一个国家或地区的经济总量的。它是一个总收入，基础是 GDP。GDP 既是一个总生产成果，又是总收入的起点。也就是说，没有国内生产总值，就没有国民生产总值，没有 GDP，也就没有 GNP。

今天，GDP 已经是衡量经济发展的全球通用标准，然而它的历史却并不长。20 世纪初的经济大萧条，迫使美国政府开始统计用于服务和战争的支出（此前一直被视为使国民收入减少的一种必要的恶），把它当作经济的净正数。1934 年 1 月 4 日，美国商务部向全国金融委员会呈递《国民收入报告（1929—1932)》，应用“国内生产总值”这一指标作为衡量经济状况的标准。

这一天后来被称为 GDP 的诞生日。1985 年，中国也建立了 GDP 核算制度。1993 年，中国取消了国民收入（N1）和国民生产总值（GNP）核算，从此 GDP 成为中国国民经济核算的核心指标。

可见，从 GDP 的诞生至今不过几十年的历史，然而人们却对它产生了过度迷恋，因为人们坚信：GDP 的增长意味着福利的增长，“GDP 越增长，一个国家和它的公民就越好”。GDP 不仅成为衡量社会进步的标尺或“社会进步的指数”，更成为衡量和比较国家发展状态好坏的“唯一方式”。对许多经济学家来说，“GDP 事实上几乎意味着一切”，它被看成“一切”。在西方，GDP 被誉为“20 世纪最伟大的发明之一”，具有不可撼动的权威地位。在中国，相当长一段时间内，人们也是唯 GDP 马首是瞻，一切为提高 GDP 让路。GDP 几乎成为衡量各级政府政绩的唯一重要指标。

与对 GDP 的崇拜密切相关的是增长与发展的观念。经济主义者坚信，发展与增长是必须的，因为经济增长将直接解决世界上一切最棘手的问题。虽然这里会有一些牺牲，但牺牲只是暂时的。经济的增长不仅会“消灭贫困，终结阶级冲突，阻止人口增长”，而且“会实现环境保护，解决全员就业问题，以及提供资源追求其他价值”。但结果却是，“当今社会陷入了四个需要打破的正反馈循环：变本加厉的经济增长、变本加厉的人口增长、变本加厉的技术进步，以及收入不平等模式”①。此外，经济主义者盲目乐观地期望经济可以无限增长下去，因而他们不仅对科学家关于地球极限的警告持怀疑态度，而且相信技术可以帮助他们突破自然的极限。他们甚至相信可以通过引进市场效率对自然及其再生产施加影响，从而保持继续增长，创造一种“可持续的资本主义”。

简而言之，经济主义让人们相信，发展是硬道理，增长可以无限制，甚至所谓“可持续发展”最后也仅仅成为经济上的可持续发展。随着 GDP 的增长，迄今为止长期困扰人类的重大疑难问题如贫困、失业、疾病、人口过度增长及环境问题等都会得到最终的解决，自由和平等一定能够得到实现。这里，推崇增长已经演变成“增长崇拜”或“GDP 崇拜”。

第二节　解构经济主义

毋庸置疑，经济主义给西方社会带来了巨大的物质繁荣，帮助消弭了西方国家之间的战争，减少了工业国家内部的阶级冲突、宗教冲突和文化冲突，但这并不能掩盖其所导致的金融危机、社会危机与生态危机。在柯布看来，经济主义的这套理论尽管听起来的确“很迷人”，也在一定范围、一定时间段里取得了一定的成效，以至于现代主流经济学家视之为“放之四海而皆准”的真

① 赫尔曼·E. 达利、小约翰·B. 柯布：《21 世纪生态经济学》，王俊、韩冬筠译，杨志华、郭海鹏校，北京：中央编译出版社，2015 年，第 21 页。

理，许多发展中国家及其政府也奉之为包医百病的“灵丹妙药”。但“它的这些假定都是经不住推敲的。现代经济学家的许多美丽的许诺并没有兑现；相反，它还导致了今天这种全球范围的金融危机”[①]。因此，人类要想走出危机，继续生存下去，就必须对经济主义进行彻底的清算。

柯布强调，对于经济主义所带来的后果，我们必须要有一个清醒的认识。首先，我们不妨来看一下经济主义是否兑现了它们上述美好的承诺。

1. 经济增长是否兑现了解决贫穷问题的承诺？

柯布说：“现实中不仅主流经济学家，而且很多国家的领导人都在试图让人们相信经济增长是解决贫穷问题的先决条件。”[②]

但柯布对此不抱希望，原因有三：“一是要想通过经济增长消灭贫穷，其前提条件是政府所制定的经济政策核心是为穷人谋福利。但是现代各国最大限度地促进经济增长的政策都是以经济发展为中心的，而不是以为穷人谋福利为中心。经济增长的结果实际上是让财富越来越集中到那些已经很富有的人的手里，只会让富者愈富。二是以 GDP 作为衡量经济增长的指标是存在很大问题的，它与经济增长所实际带来的福利之间存在着很大的差距。三是当代全球经济背后还有一个根本性的错误观念，就是天真地认为经济增长可以无限地持续下去。其实，无论是从经济增长所需要的自然资源还是从技术所能吸收的废物的限度来看，这种无限制的增长都是不可能的。技术能够提高利用资源的效率和减少废物的产生，但它不能从根本上解除这些限制。如果经济学家们还抱着这些天真的想法不放，那么经济增长根本就等不到解决贫穷问题的那一天，因为在此之前它就会遇到这些致命的发展瓶颈。”[③]

以美国为例，虽然“经济学家们早就承诺，不断发展的经济能够提高所有美国人的经济福祉，然而自上世纪 70 年代以来，美国人的平均工资实际上

---

① 樊美筠：《现代经济理论的失败：现代建设性后现代思想家看全球金融危机——柯布博士访谈录》，载《文史哲》2009 年第 2 期。

② 樊美筠：《现代经济理论的失败：现代建设性后现代思想家看全球金融危机——柯布博士访谈录》，载《文史哲》2009 年第 2 期。

③ 樊美筠：《现代经济理论的失败：现代建设性后现代思想家看全球金融危机——柯布博士访谈录》，载《文史哲》2009 年第 2 期。

是在下降的，而且自1968年肯尼迪总统被暗杀后，贫富差距在逐渐拉大”[①]。

第三世界各国也是如此。现代发展模式不仅没有改善反而正在加剧第三世界的贫困。因为经济增长往往是以剥削第三世界的穷人，特别是妇女和儿童为代价的。据加拿大女记者、《颠覆名牌》一书作者娜奥米·克莱恩（Naomi Klein）和三次获诺贝尔奖提名的《儿童的解放》一书作者魁克·柯伯格（Craig Kielburger）的考察，世界上主要的服装品牌，几乎都是由第一世界的设计师设计，第三世界的童工生产的。这些所谓世界知名品牌的衣服和球鞋，几乎都是在第三世界肮脏、污臭的血汗工厂中生产出来的。这意味着这些迷人的名牌商品其实是沾染着第三世界国家童工或女工的鲜血的。

凯罗·詹森教授曾引用她的一个来自肯尼亚的学生的话说：“我们过去给孩子命名‘富余’，然后‘专家们’来了，告诉我们不再靠种粮食养活自己，应该改种咖啡和茶叶去出口，这样我们就有钱了。我们就这样做了，但我们种出来的咖啡和茶叶还不够种植费用，更不用说养活我们自己了，树木没了，水质变坏了，土地退化了，我们的孩子挨饿了。”[②] 结果是，肯尼亚的国民生产总值虽然上升了，但这个学生的同胞们的生活却更糟了。

经济主义假定，财富的快速增长将有利于所有的人；坚信市场越大，政府干预越少，财富就创造得越多越快，饥饿、贫困等困扰世界多年的问题将会迎刃而解。然而，柯布认为，这种观点是大可质疑的，因为“市场的力量在于它鼓励了增长，而增长如何被分配并不是经济学家本身所关心的。历史事实表明，市场有利于富人更甚于穷人，并倾向于把财富集中到越来越少的人手中。结果，经济中的大多数增长都集中到了富人那里”。[③] 柯布认为，正是市场恶化了穷人的状况。在美国，在过去的25年间，工人家庭只能通过更长时间的工作来维持其生活标准。人们曾经假定，一个拥有普通工作的男人就能养活其妻子和孩子，而现在的标准则是双份的收入。无疑，在双职工的家庭里，父母

---

① 马克·安尼尔斯基：《建立福祉经济学》，载《新华文摘》（国外社会科学版）2013年第12期，第139页。

② 凯罗·詹森：《从怀特海的过程理论审视全球经济》，见王治河主编：《全球化与后现代性》，桂林：广西师范大学出版社，2003年，第31页。

③ 任平：《呼唤全球正义——与柯布教授的对话》，载《国外社会科学》2004年第4期。

对孩子的关心减少了，而且造成了某些负面的社会后果。当然，家庭可能拥有许多以前没有的设施，但是更多的人更长时间地工作，而每小时的收入减少，却是不争的事实。再以墨西哥为例，一方面，自由贸易的后果对墨西哥工人来说就是工资的大幅度减少。另一方面，墨西哥亿万富翁的所得却是原来的 3 倍。可见，财富是增长了，财富的公平分配却并没有实现，穷人却越来越多，越来越多的财富集中在极少数超级富豪的手中，造成 1% 的极富人群与 99% 的普通人群的尖锐对立。这再次表明，"经济状况好不等于人类的状况好"[①]。

不仅如此，虽然旧的劳资之间的对立减弱了，但由于现代经济主义对人的评价完全是根据他们对市场的贡献进行的，导致了新的人群的对立，即参与市场的和不参与市场的人群之间的对立。新的贫困阶层的诞生就是这一对立的结果，这形成了现代社会一道诡异的景观：除了跨国公司的大老板和少数顶级富豪外，人人在经济上都是贫穷的、脆弱的和不安全的。对立也许不再是原有的资产阶级与无产阶级之间的对立，而是超级富豪与其余绝大多数人之间的对立，即 1% 的人群与 99% 的人群之间的对立。罗马俱乐部成员、前哈佛商学院教授、美国生命经济学领军人物大卫·柯藤博士就明确指出："在我们这个拥有 75 亿人口的世界里，仅仅八个富人所拥有的财富就比现在最贫穷的一半人口所拥有的财产还多。"[②] 在经济主义主导下，财富日益集中在极少数人手上，已经是现代社会一个令人惊悸的不争的事实。

总之，"经济高度现代化并不意味着就能解决贫困问题，反而会造成世界越来越极化，贫富差别越来越大"[③]。这充分证明迄今为止经济增长并未能兑现其解决贫穷问题的许诺。

2. 经济增长是否兑现了控制失业率的承诺？

尽管造成失业的原因不是单一的，但它却是资本主义的一个必然现象。这意味着，在资本主义制度下，失业是不可能被根除的。资本追逐与榨取利润的

---

① 王治河主编：《全球化与后现代性》，桂林：广西师范大学出版社，2003 年，第 23 页。

② 大卫·柯藤：《生态文明与共同体理论》，王爽译，2018 年 4 月 27—28 日第 12 届克莱蒙生态文明国际论坛大会上的发言。

③ 邱建生、杨帅、兰永海、温铁军：《中国社会变迁与乡村文明建设》，载《行政管理改革》2013 年第 3 期。

本性必然要求剩余劳动力的存在，因此在整个工业革命的进程中，失业与资本是如影相随的。而在新自由主义经济学中，对失业的理解可归结为“自然失业率”这一假说，其代表人物就是美国经济学家米尔顿·弗里德曼。所谓“自然失业率”就是指在没有货币因素干扰的情况下，劳动力市场与商品市场自发供求力量发挥作用时应有的处于均衡状态的失业率。弗里德曼认为，这种失业人口在现代社会中实际上是始终存在的，即使在经济繁荣时期也如是。虽然不能根除失业，但人们却可以通过市场的自发调节来增加就业，以达到降低它的目的。具体的措施包括实行负所得税政策、鼓励劳动力流动、反对规定最低工资率以及工会干预工资率等。总之，新自由主义经济学家相信通过市场的自发调节就可控制失业率，政府的干预是没有必要的，因此他们强烈反对政府干预。

但事实如何呢？柯布指出：“以美国经济为例来看，整体经济增长在这方面确实取得了一些成效。失业率虽然受到了控制，但是工作的质量却下降了，这包括工资水平、工作安全防护等。作为第一世界代表的美国都是这样，在第三世界这种情况就更糟糕。第三世界的传统社会为其大部分国民提供了一些就业，但是现代化的进程却削弱了其作用，从而使得失业率攀升到了非常高的水平。而一旦发生这种情况，通过实现工业化来实现发展似乎成了唯一的希望。然而可供发展的基金却是由那些对失业问题毫无兴趣的人掌控的，因此当资金发生流动时，就业就会发生大幅度波动，这会从根本上影响整个社会的就业率。”[①] 在这里，显然经济主义并没有也无法兑现控制失业率的承诺。

3. 经济增长是否兑现了遏制环境恶化的承诺？

经济主义信誓旦旦地宣称，经济增长能够遏制环境的恶化，相信人们富裕后会开始注意到环境的保护问题，“先发展，后治理”的模式是有效的。然而，不管现代经济学家如何画饼，一个不争的事实却是，现代经济所取得的所有辉煌的物质文明成果都是以牺牲自然环境为代价的。现代经济在促进 GDP 短期内高速增长的同时，其所带来的负面效果也是灾难性的。因为正是现代经

① 樊美筠：《现代经济理论的失败：现代建设性后现代思想家看全球金融危机——柯布博士访谈录》，载《文史哲》2009 年第 2 期。

济运用科学技术把可再生资源变成不可再生的资源，将大量有毒的污染物质扩散到空气、水和土壤中，对地球和人类的健康造成了永久性的伤害，使得“地球表面的生命系统有史以来第一次受到人类行动的严重威胁”。在这个意义上，经济业已成为巨大的“罪恶之源”。

因此，柯布强调：“如果要等到所有人富裕起来之后再来关心环境问题，环境将会恶化到一发不可收拾的地步。而且环境的恶化也阻碍了人们走向富裕的道路，我们需要的是直面处理如全球变暖这样的环境议题，而不是等经济发展了再腾出手来解决环境污染等生态问题。对于发展中国家，‘先发展后治理’模式显然是一条死路。”①

以现代农业经济为例，当我们通过化肥、杀虫剂和除草剂来提高粮食产量的时候，我们实际上是在给土地下毒。同样，当我们借助电子工具、漂流网、水产捕捞船提高捕鱼产量时，我们实际上是以一种终结自我繁衍能力的方式耗尽大海和河流中的水生资源。在这个意义上，现代经济是一种竭泽而渔式的经济，一种“终结式经济”。为了追求经济的增长而拼命发展核电站的日本今天所面临的成为核废墟的危险图景，就是对何为“终结式经济”一词的最好注脚。

可见，经济主义不仅没有兑现其所提出的遏制环境恶化的承诺，反而成为环境恶化的重要推手。“根据有关统计，野生物种正变得更加稀少或者已经消失，许多物种只能通过人来照料才得以幸存。石油（它使得如此多的经济增长成为可能）在未来几十年的时间里将变得稀缺和昂贵，淡水在世界的许多地方已经变得不足，气候变暖导致了日益频繁的暴风雨和更加变化无常的天气。”② 地球在不可逆转地加速变暖。而且在农业的工业化模式下，“作为国家生命资源的土壤正在逐渐恶化，耗尽”③。不仅人类，地球上的所有生物都深受空气污染、水污染、土壤污染等的危害。生态危机已经出现，生态灾难已然发生，作为一个物种的人类和整个星球，都处于可怕的境地中。而所谓的经济

---

① 樊美筠：《现代经济理论的失败：现代建设性后现代思想家看全球金融危机——柯布博士访谈录》，载《文史哲》2009 年第 2 期。

② 任平：《呼唤全球正义——与柯布教授的对话》，载《国外社会科学》2004 年第 4 期。

③ 马克思关于爱尔兰问题的未演讲的稿子所作的注释。

增长却对此束手无策，原因即在于，“环境恶化恰恰是由那些只顾追求经济增长的政策造成的”①。柯布曾借用哈曼的话来表明自己的观点，哈曼说：“我们时代严重的全球问题，从核武器的威胁到有毒化学物质到饥饿，贫困和环境恶化，到对地球赖以生存的体系的破坏，凡此种种都是几个世纪以前才开始统治世界的西方工业思想体系所产生的直接后果。”②

然而，面对如此显而易见的事实，如此众多的批评，大多数经济学家不仅不予以理会，反而认为是不重要的，是夸大其辞，甚至是“杞人忧天”的，因为他们认为，“为环境未来担忧的那些人低估了繁荣经济所具有的解决问题的能力。哪里有资本和创新，哪里就会有技术突破。既然环境问题让人忧心，那么富有创造力的天才会去解决这些新挑战”③。在他们看来，生态危机并不是真的危机，因为它完全可以依靠日新月异的技术加以解决。

可见，经济主义正是造成目前生态危机的元凶之一。在它的统治下，危机不仅无法解决，反而会愈演愈烈，因为正如爱因斯坦所说：“我们不能用制造问题时的同一水平思维来解决问题”。

4. 经济增长是否兑现了提升政治民主水平的承诺？

这方面的情况也很不乐观。正如柯布指出的那样，虽然现代经济理论承诺市场的发展会提升政治民主水平，从某种程度上说这也是能够实现的，但是，参与市场活动的机构是否真正允许人们参与到与其生活以及国家密切相关的基本决策中，这个问题的答案常常是否定的。因为全球市场的自由化趋势导致了地区经济在很大程度上受到远在他国的某个商业集团决策的影响。而市场的自由化则使得地方政府对于经济事务的干预是很有限的。在一个以经济为中心组织起来的社会里，国民所能决定的就只是应该选举谁来配合和支持这种全球性的经济发展趋势。这也就是柯布反对现行的全球经济自由化的重要原因。在他

---

① 樊美筠：《现代经济理论的失败：现代建设性后现代思想家看全球金融危机——柯布博士访谈录》，载《文史哲》2009 年第 2 期。

② 冯俊、柯布：《超越西式现代性，走生态文明之路——冯俊教授与著名建设性后现代思想家柯布教授对谈录》，载《中国浦东干部学院学报》2012 年第 3 期。

③ 赫尔曼·E. 达利、小约翰·B. 柯布：《21 世纪生态经济学》，王俊、韩冬筠译，杨志华、郭海鹏校，北京：中央编译出版社，2015 年，第 5 页。

看来，“真正的全球一体化是由享受充分自由的人们所组成的，不管是贸易还是其他的经济活动都要由各个不同的国家和地区自己来决定，而不是把经济决定权让渡给少数跨国公司”[①]。由于资本逐利的本性，垄断资本集团可以毫不顾及工人和所在地方社区的利益，将生产外包到成本低廉的国家与地区，造成本地区大量的失业，许多工人及其家庭不得不因此流离失所。而在这个过程中，工人及其工厂所在的地方社区并没有发言权与决策权，他们甚至无法参与到与其生活息息相关的事务的讨论与决策中，何来其政治民主水平的提升呢？

5. 经济增长是否兑现了人们追求其他价值的承诺？

现代经济理论坚信，只有经济足够富裕的人们才能去追求他们所期望的一些价值，比如艺术、旅游、进修等。虽然这一观念同现代经济理论的其他主张一样有其合理之处，但在柯布看来，如果想以此证明以经济发展为中心的政策是合理的，“那就是另外一回事了”[②]。因为经济主义将自我价值定义为尽可能多地获得产品与服务，自我的价值被简化为消费的价值，人成为“经济人”或“消费人”，自我的其他价值不是被视而不见，就是被忽略不计。显然，“现代经济理论在给人们带来一些价值机会的同时，也在破坏着另一些价值。……尽管市场需要个体的诚信、团队合作精神和勤奋，但是现代新自由主义经济学对个体利益的过分强调却在不自觉地腐蚀着这些价值。这些价值都需要从人类共同体那里获得培养，但是追求经济增长的政策却在不断地抵制传统社群和社区并破坏着其中的价值”[③]。

经济主义不仅将丰富的自我变为一个贫瘠的自我，而且对社区共同体进行了毁灭性的破坏。它“没有给产生共同体的人类关系留下一席之地，也忽视了非人类世界的权益，只是把其作为满足人类需要的资源。因此，受到这种经

① 樊美筠：《现代经济理论的失败：现代建设性后现代思想家看全球金融危机——柯布博士访谈录》，载《文史哲》2009年第2期。

② 樊美筠：《现代经济理论的失败：现代建设性后现代思想家看全球金融危机——柯布博士访谈录》，载《文史哲》2009年第2期。

③ 樊美筠：《现代经济理论的失败：现代建设性后现代思想家看全球金融危机——柯布博士访谈录》，载《文史哲》2009年第2期。

济学鼓励的经济发展破坏了成千上万的人类共同体以及加速生物圈的崩溃也就不足为怪了”。①

中国农村日益严重的“空心化”现象就是一个重要例证。由于城镇化的快速推进和农村强壮劳动力的大量外流，出现了经济意义上的“空心村”和地理意义上的“空心村”相互交织的“空心化”现象，严重影响到农业、农村的可持续发展。“空心化”不仅成为新农村建设的障碍，而且严重损害了农村人的家庭幸福。“家庭的温馨与欢乐越来越少，农民的家庭生活已经变得非常态化”。虽然任何社会的发展都要付出一定的代价，但并非任何代价都是不可避免的。

此外，对于现代社会中“虚无主义”的弥漫和“道德严重滑坡”的大面积发生，现代经济主义也是难辞其咎的。因为现代经济主义对经济的过分推崇，势必导致拜金主义和“一切向钱看”思潮的风行，而见利忘义、制假造假、贪污受贿、坑蒙拐骗、制黄贩黄、走私贩私、卖淫嫖娼、见死不救、人情冷漠等严重的道德滑坡行为的发生就成为一种逻辑的必然。当金钱成为“人生的终极目的”时，为获得利益最大化，往食品里添加致癌物就是顺理成章的事。正如柯藤所深刻分析的那样，“当一个社会不能满足其成员对社会纽带、信任、关爱及共享的意义感的要求的时候”，暴力、极端竞争、自杀、药物滥用、贪婪和环境退化等病态现象“就会不可避免地发生”。②

可见，现代经济学家已将人类带入了“可怕的境地”③。经济主义给世界开出的是一张空头支票，不仅至今没有兑现，而且使情况变得越来越糟糕，正是它引导人类社会被跨国公司所主宰，“导致了全球性的政治、经济、社会和环境危机”④。

---

① 小约翰·柯布：《刺破金融气球迈向生态经济》，载《绿公司》2010年第3期。

② David C. Korten, *When Corporations Rule the World*, Kumarian Press/Berrett-. Koehler Publishers, Inc, 1995, p. 261.

③ 赫尔曼·E. 达利、小约翰·B. 柯布：《21世纪生态经济学》，王俊、韩冬筠译，杨志华、郭海鹏校，北京：中央编译出版社，2015年，第5页。

④ 大卫·柯藤：《生态文明与共同体理论》，王爽译，2018年4月27—28日第12届克莱蒙生态文明国际论坛大会上的发言。

哲学基础——个人主义

那么，如此强势的经济主义，其哲学基础何在呢？柯布的分析表明，经济主义是以一种关于人性和人的本质的粗俗的个人主义观点为其哲学依据的。在他看来，“现代经济理论的最大问题”之一就是，它是建立在极端个人主义的基础之上的。[①]

首先，在现代经济学中，人被看作一个抽象的存在，而不是一个有血有肉的现实的人。人被经济学家排除了其他属性，仅仅化约为经济人。人在本质上被看作一种经济动物，他们与社会中其他人的关系仅仅是经济关系，这是一种外在的和契约性的关系。这种经济人力求以最少的劳动获得尽可能多的商品与服务，任何其他的行动都被认为是不合理的。在柯布看来，“经济人”的概念无疑是一种抽象，它是从现代有血有肉的人当中抽象出来的，而且是对“当代经济学理论基础的最重要的抽象”。当经济学家用这样一种抽象的概念来界定现实中丰富、具体的人的时候，无疑就犯了“错置具体的谬误”，也就是错把抽象当具体了。

其次，在经济主义中，人是一个自私的人。这一点在现代经济的理论奠基者亚当·斯密（1723—1790）的理论中得到集中体现。这位现代经济学的鼻祖、苏格兰的道德哲学教授，是“人都是追求自利的经济人”假设和“看不见的手”的概念的始作俑者。亚当·斯密的市场经济理论被认为是现代启蒙运动的重要组成部分，被称为“经济启蒙”。斯密认为，人本质上是经济动物，是“经济人”，满足该经济人的需要是经济活动的“唯一目的”，其他事物只有在作为工具满足经济人的需要的意义上“才会得到考虑”。人的自私自利的本性在现代经济学中得到的是赞美，而不是制止。因此，现代经济学家们普遍认为：“对自利的限制不仅无必要而且有害。正是这种理性行为，即自利的行为，才使所有人受益最多。政府反对或阻止这种行为，用意虽好，却弊大

① 樊美筠：《现代经济理论的失败：现代建设性后现代思想家看全球金融危机——柯布博士访谈录》，载《文史哲》2009 年第 2 期。

于利。”[1]

因此，在经济人的头脑里，“既没有公正、恶行和善行的位置，也没有为维护人类生命或任何其他的道德关怀的位置。经济理论通常所描绘的世界是这样的：个体都在寻求他们自己的利益，并对参与同一活动的其他个体的成功或者失败漠不关心”[2]。这就是为什么在现代经济学中，只鼓励人们在商业世界中对私利的放任追求，认为为了整体的利益来限制对财富的追求不仅完全没有必要，而且会适得其反，因为这种限制会阻碍整体利益的实现。这种经济学天真地认为，“当每个个体都寻求最大化自己的经济利益，那么社会的总产品就会增多，所有的人都会受益。”[3]

柯布说：“大家可能还记得当英国首相撒切尔谈到经济政策的时候，有人问到她怎么看待社会，她的回答是：社会是不存在的，这只是个概念，存在的只有个人、个体，他们偶然地以某种方式聚在一起。”[4] 总之，在经济主义者看来，整个人类社会就是由完全孤立分离的原子式的经济人构成的，它们或者购买劳动力、服务、商品，或者出卖它们。将这一切组织起来的是“市场”这只“看不见的手”。通过这只“看不见的手”，通过对利润的追求，社会的进步会得到自然而然的推动。显而易见，在现代经济学中，重要的是个人价值或个人的选择，而不是社会的价值，后者的重要性完全可以忽略不计。

这就决定了在经济主义者的头脑里，公平、正义以及美德都可以被忽视甚至被抛弃。以经济主义沾沾自喜的 GDP 为例。历史上，公正（亦即公平和正义）一直被公认为是首要的政治美德。然而，以 GDP 增长为核心的现代经济理论则“很少关心公正的价值”，它所关心的仅仅是物质财富的极大增长，患了“财物饥渴症”。它视金钱为第一追求，收入的增加被视为成功的象征。这

---

① 赫尔曼·E. 达利、小约翰·B. 柯布：《21 世纪生态经济学》，王俊、韩冬筠译，杨志华、郭海鹏校，北京：中央编译出版社，2015 年，第 6 页。

② 赫尔曼·E. 达利、小约翰·B. 柯布：《21 世纪生态经济学》，王俊、韩冬筠译，杨志华、郭海鹏校，北京：中央编译出版社，2015 年，第 164 页。

③ 赫尔曼·E. 达利、小约翰·B. 柯布：《21 世纪生态经济学》，王俊、韩冬筠译，杨志华、郭海鹏校，北京：中央编译出版社，2015 年，第 93 页。

④ 《共同体精神与中国精神——后现代大师眼中的人类幸福之路》，2016 年 8 月 16 日柯布博士在友成基金会“找寻中国精神”文化论坛上的演讲，载《中国社会组织》2016 年第 20 期。

使得 GDP 计量对公正不感兴趣，或者说根本不关心商品与服务的公平分配，只是一门心思追求股东利益最大化，漠视更大的其他利益相关者，如共同体、雇员和供销者的利益。用墨西哥著名发展问题专家托马斯·米克洛斯的话来说，GDP 的快速增长是“以收入上的不平等的增长为代价的，这既包括国内的不平等，也包括国家之间的不平等”。实际上，由经济增长带来的财富增加更多地集中在少数人手里，特别是跨国公司的富豪手里。经济学家常常争辩说，当一个社会变得足够富有，由财富增加带来的利益自然会慢慢流入穷人的手中。但是，在那些国家中，他们拿来用作成功的案例的真相是：大量的穷人生活的改善主要是从政府和工会的作为中获益的，这和现代经济理论的主张在根本上是相悖的。

同样，社会和文化的代价——破碎的家庭和破碎的文化也不在 GDP 的视野之内。GDP 的增长让我们在心理、社会和生态层面付出了沉重的代价。对 GDP 的追求过程，既以对作为历史进化宝贵结晶的传统价值观的抛弃为代价，也以“民族认同的逐渐失落”为代价，更以社会共同体的毁灭、闲暇时间的牺牲、“休闲、审美和精神价值的丧失”为代价。发生在许多人生活中的不幸告诉我们，仅有物质上的成功是不够的。事实上，正是物质的极大成功将我们带到“一种陌生的精神和道德的破产”面前。GDP 崇拜之所以能导致社会道德体系解体，是因为 GDP 崇拜的核心就是使一切事物货币化、金钱化。当厚道的“以人为本”被任性的“以钱为本”取代的时候，当“钱变成了衡量人的价值的唯一尺度”的时候，社会道德的滑坡和塌陷就成为一种必然。不难看出，在人类走向文明的历史进程中，“黑色 GDP”正如中国有的学者所指出的，不仅是一颗“苦果”，而且日益成为一颗危险的“炸弹”。①

最后，在经济主义那里，人是一个贪婪的人。由于经济人的贪婪本性作祟，不仅发展可以无限，而且发展也可以无底线。发展就是硬道理，发展就是一切，发展与增长更成为一种迷思、一种崇拜，即 GDP 崇拜。以 GDP 的增长为旨归的现代经济是一种鼓励“贪婪”的经济，在根底上它是一种“把贪得无厌作为预设条件的经济，我们不得不尽力去确保人们在现实中真

① 白剑峰：《“绿色 GDP”与“黑色 GDP”》，载《人民日报》2003 年 11 月 17 日。

的贪得无厌”①。

客观地说，作为衡量一国经济水平与实力标准的 GDP 有其合理的一面，然而它本身也有其严重局限。事实上，从 GDP 诞生之日起，它就受到质疑。随着 GDP 崇拜愈演愈烈，特别是 GDP 崇拜所带来的负面效果日益暴露，来自社会各阶层的批判之声亦不断增多。GDP 的权威“日益受到挑战”。它不仅受到环保主义者的猛烈抨击，而且“受到一些政策决策者的诟病”。更有马克思主义者将 GDP 与资本主义制度联系起来，认为它是“资本主义市场经济错误的主要象征”。迪姆·杰克逊就认为：“增长和资本主义是孪生兄弟，对于资本主义来说，增长是功能性的。它是资本主义经济的必要条件。如果不要增长无异于要了资本主义的命。”② 这种对增长的痴迷在西方的新自由主义经济学中暴露无遗。该理论相信，增长没有极限，技术进步将解决任何来自自然短缺的问题。“经济增长得越快，生产、交换和消费就越好，因为更大的市场加快了经济的增长，理想的状况是一种单一的全球市场。我们无需根据公共政策来讨论环境问题，因为市场将照料它们。”③

因此，20 世纪 70 年代就有思想家开始反思 GDP 并提出了它的修正版绿色 GDP。

1972 年，威廉·诺德豪斯和詹姆斯·托宾发明了“经济福利尺度”（Measure of Economic Welfare）的概念；1989 年，赫尔曼·达利和小约翰·柯布、克利福德·柯布父子随后又研究出了“可持续经济福利指数”（Index of Sustainable Economic Welfare），即后世所称的“绿色 GDP”。1995 年，克利福德·柯布进一步研究出了“真实发展指数”（Genuine Progress Indicator）。这些新型指数的一个共同特点就是努力挤出 GDP 中的水分，其中包括扣除国防开支，扣除由于环境污染、自然资源退化、教育低下、人口数量失控、管理不善等因素引起的经济损失成本，从而得出真实的国民财富总量。有的绿色 GDP

---

① 小约翰·B. 柯布：《全球经济及其理论辨析》，见王治河主编：《全球化与后现代性》，桂林：广西师范大学出版社，2003 年，第 53 页。

② Tim Jackson, *Prosperity without Growth: Economics for a Finite Planet*, London: Earthscan, 2011, p. 198.

③ 任平：《呼唤全球正义——与柯布教授的对话》，载《国外社会科学》2004 年第 4 期。

指数还增加了志愿者服务、犯罪率、休闲时间、公共设施年限等。

由此可以看出，与GDP相比，绿色GDP体现了经济增长与自然环境和谐统一的程度，绿色GDP占GDP比重越高，表明国民经济增长对自然的负面效应越低，经济增长与自然环境和谐度越高。实施绿色GDP核算，将经济增长导致的环境污染损失和资源耗减价值从GDP中扣除，则有利于真实衡量和评价经济增长活动的现实效果，克服片面追求经济增长速度的倾向和促进经济增长方式的转变，从根本上改变“GDP至上”的观念，增强公众的环境资源保护意识。

然而进入21世纪后，柯布开始意识到，绿色GDP对现代经济学来说，只是一副换汤不换药的“安慰剂”，它并非是一种范式的改革。因为它的哲学基础仍然是个人主义的，依然是人类中心主义的。从理论上说，绿色GDP就是在现行GDP的基础上，扣除GDP增长导致的环境污染、资源滥用等外部不经济因素，加上地下经济活动、自给性服务及闲暇活动等外部经济因素之后的国民福利值。这意味着绿色GDP既非一种全新的概念，也不是对传统GDP根本性的颠覆，而仅仅是对传统GDP的加加减减。经济发展和经济增长依然是绿色GDP的首要考量。人的需要依然被看作出发点，对环境的保护只有有助于人的福利时才是必要的。这显然深受联合国《里约环境与发展宣言》（又称《地球宪章》）的影响，该宣言的首要原则就是：“人的存在是可持续发展的核心考量。”在这个意义上可以说，绿色GDP仍然是人类中心主义的产物，因为它依然是“将人类和它的需求放在核心”。用这样一种思路指导国家的发展，依然无法从根本上解决人与自然、经济发展与环境保护的矛盾问题，无法从根本上扭转人们对发展的崇拜、对GDP的崇拜，从而只能延缓而无法避免生态危机的来临。

有鉴于此，后期柯布认为，以GDP为中心组织经济，将它作为社会进步和国家成功的主要指标，实际上完全没有计入增长与发展对环境的负面影响。一个明显的例子是世界范围内对森林的大规模砍伐。对森林的大规模砍伐导致短期内GDP快速增长。然而从长远来看，其经济、社会和环境代价之高令人恐怖。大规模干旱、洪水、水土流失、港口和水库的大规模淤积等都是这些代价的一部分。在柯布看来，正是对GDP的崇拜使经济学家将自己置身于“一个对地球的恶化漠不关心的集团”。[①] 也有经济学家称对环境的污染破坏是最大的、最广泛的市场失败。生态经济学家达利在离开世界银行的演讲中，恳切地建议世界银行停止把对自然资本的消费算作收入。“我们已经习惯了把自然资本算作免费物。这或许在昨日的空洞的世界是有效的，但在今天这是‘反经济的’。”[②] 这种对自然权益的漠视和践踏是建立在“增长是无限的、自然资源和原材料是无限的”假定基础上的。然而，铁一般的事实表明，“这个星球上的自然资源绝对不是无限的。事实上，大多数主要的跨国公司，包括石油企业，已经在寻找他们所依赖的自然资源消耗殆尽之后的退路了”[③]。这种所谓的无限增长对地球来说，已经成为其不能继续承受之重。

可见，经济主义的发展观、增长观、GDP 崇拜，与经济人的贪婪本性具有内在的关联性，它们是一脉相承的。

在柯布看来，现在经济学将人界定为经济人是极端错误的。因为“人的存在所具有的社会特征是最重要的。而经济人是从社会现实中做出的一个极端的抽象”。[④]

他认为，经济人与现实中的人是非常不同的：

首先，经济人对社会关系是漠不关心的，而在现实世界中，个体在生活中获得的许多满足，“与他们和其他个体有着怎样的关系相关，换言之，就是与他们在共同体中所处的相对地位相关”[⑤]。在很大程度上正是这些关系构成了现实中每个个体的存在。

其次，“与经济人不同，现实的人并非是贪得无厌的”[⑥]。自私自利并不是

---

① 小约翰.B. 柯布：《全球经济及其理论辨析》，见王治河主编：《全球化与后现代性》，桂林：广西师范大学出版社，2003 年版，第 53 页。

② Herman Daly, *Ecological Economics and the Ecology of Economics*. Edward Elgar Publishing, 1999, p. 62.

③ Philip Clayton, Justin Heinzekehr, *Organic Marxism: An Alternative to Capitalism and Ecological Catastrophe*. Process Century Press, 2014, p. 194.

④ 赫尔曼·E. 达利、小约翰·B. 柯布：《21 世纪生态经济学》，王俊、韩冬筠译，杨志华、郭海鹏校，北京：中央编译出版社，2015 年，第 164 页。

⑤ 赫尔曼·E. 达利、小约翰·B. 柯布：《21 世纪生态经济学》，王俊、韩冬筠译，杨志华、郭海鹏校，北京：中央编译出版社，2015 年，第 89 页。

⑥ 赫尔曼·E. 达利、小约翰·B. 柯布：《21 世纪生态经济学》，王俊、韩冬筠译，杨志华、郭海鹏校，北京：中央编译出版社，2015 年，第 95 页。

人类活动的唯一动机。柯布认为，事实上，在人类经济中，其他动机也起着一定的作用。

再次，经济人只是处在市场中的个体，而现实的人则是处于社会与自然中的个体。

最后，经济人是一种抽象，它既是从人类对他人身上发生的事情以及一个人在共同体中所处的地位的感受中抽象出来的，也是从对公平的认识和相对价值的判断中抽象出来的。“这种抽象导致了假设的经济人与现实的人的行为不同。”①

经济人与现实的人是如此不同，为什么经济主义要将经济人从丰满复杂的现实人中抽取出来呢？柯布认为，从哲学上看，经济人的观念是建立在个人主义基础之上的，而且这种个人主义源于现代西方启蒙思想家对人性的误读。以笛卡尔为代表的现代西方哲学家们认为人在本质上是独立存在的，彼此间或与社会其他成员间不存在必然的关系。人作为“理性的动物”，也被认为是“理性的行动者”，换句话说，人是根据自己的个人喜好作选择的，即人是自利的。私人偏好就是唯一的公认的好的标准，因此经济人是现代西方个人主义的产物。这种个人主义把“占有”视为人的基本属性，因此无限推崇“占有”特别是对私有财产的占有。洛克就强调，财产权利是人的自然权利中最基本的权利，其他权利都是以财产权利为基础的。即使是生命权利，说到底也不过是保障个人财产不受侵犯的权利。他据此主张把所有对财产权利的限制都从自然法中清除出去。在这里不难发现，这种“占有式的个人主义”与物质主义的亲缘关系，它们无疑都被沾染上了“占有症”这一现代社会传染性的病毒。

因对“占有”的迷恋，以及对与他者内在联系的漠视，“占有式个人主义”自然而然地冲上竞争的快车道。视他者为障碍，以他人为对手，信奉“占有越多越幸福”。在“多占有等同于幸福”的基础上，物质财富的积累“成为许多人的人生驱动力”。“占有性的个人主义”者表征的是一种“霸道的存在”，想到的都是如何“强者通吃”，从没想过留条路给别人走。“所谓走自

① 赫尔曼·E. 达利、小约翰·B. 柯布：《21世纪生态经济学》，王俊、韩冬筠译，杨志华、郭海鹏校，北京：中央编译出版社，2015年，第98页。

己的路，让别人无路可走”就是这种个人主义的集中表现。

“经济人”的预设不仅让别人无路可走，也让自然万物无路可走，因为他认为世界以及所有非人类生物的唯一存在目的只是供人类使用，现代经济学中的“无限发展”概念和“无限增长”概念正是对经济人的这种人类中心主义维度的具体体现。

尽管在大多数经济学家看来，经济学中关于经济人假设所依据的拥有绝对权利的绝对个人概念“对经济学科的目标并无任何害处”。[①] 但在柯布看来，这种被现代思想家所高调标举的“拥有绝对权利的绝对个人的概念”不仅是站不住脚的，而且是注定要“破产的”。因为在过程哲学那里，人不仅与他所处的环境须臾不可分，而且“个人的权利”如同个人一样，也是“社会的产物”。所有事物都是联系在一起的，自在之物是不存在的，“自在”只是“他在”的一个功能。正是事物之间的内在关系，包括合作互助关系构成了事物本身。离开宇宙中的其他事物，任何一个现实的存在都是不可能的。离开了他者的扶持，没有一个自我可以行远。“经济人既不知道善良也不知道恶毒，只知道漠不关心。对于今日的生态危机”[②]，他们既不关心他人与社会，也不关心自然万物与整个宇宙。在柯布看来，现代经济学通过对“经济人”的预设和标举，一开始就包含着自毁的基因。正是在这里，柯布用怀特海有机哲学解构了经济主义的人性观。

思维方式——机械论

按照柯布的分析，现代经济学不仅在哲学上是个人主义的产物，而且也是机械思维方式的产物。

所谓机械思维，是一种漠视内在关系的、机械地看待人与世界的思维。通过这种思维方式，世界褪去了它曾经具有的魅力，而被简化成一台冷冰冰的机器。机械思维的产生，离不开牛顿力学的成就。牛顿力学假定世界是由分散

① 赫尔曼·E. 达利、小约翰·B. 柯布：《21世纪生态经济学》，王俊、韩冬筠译，杨志华、郭海鹏校，北京：中央编译出版社，2015年，第88页。

② 赫尔曼·E. 达利、小约翰·B. 柯布：《21世纪生态经济学》，王俊、韩冬筠译，杨志华、郭海鹏校，北京：中央编译出版社，2015年，第89页。

的、独立不依的个体实体构成的，实体之间的关系是完全外在的。也就是说，实体的存在与它们的关系没有任何关联。因此，“视关系为外在”是机械思维的一个核心特征。所谓外在关系就是把关系看作一事物的偶然性存在。该关系发生或不发生并不影响该事物的本质性特征。如同构成机器的齿轮和杠杆被认为不受机器变化着的运作所影响一样，机械思维认为事物不受事物之间关系的影响。在这种思路下，经济被视为一个封闭的商品交易的过程，它仅仅涉及货物的生产和交换。相应地，土地、空气、水被看作外在于市场和经济的，它们之间没有任何内在联系。

牛顿力学对物质运动的成功解释对 17 世纪的哲学产生了深远的影响。现代西方哲学之父笛卡尔就是一个骨灰级的“牛粉”。他曾自信满满地说，“给我物质和运动”，“我就能创造一个宇宙”[①]。在他的第一篇关于机械生理学的科学论文《论人》（Traite De L’Homme）中，他就明确地写道：“大家只要想想皇家花园里以水为动力的智能机器，有的演奏音乐，有的模拟语言，那么人体器官的活动也可以被以同样的方式进行理解。”[②]

从笛卡尔开始，机械世界观便成为现代性中占据主导地位的思维方式。这种思维方式不仅将自然界视为机器，甚至将人也视为机器。只不过较之于自然万物来说，人这个机器更复杂、更特殊些而已。经济主义显然全盘采纳了这种机械思维方式。既然个体之间以及万物之间的关系都是外在的，而不是内在的，那么其结果便是人作为劳动力，失去了其丰富性与独特性，窄化成经济人，成为生产流水线上一个可以随时被替代的零件，成为生产机器；不仅如此，在现代工业化与全球化的进程中，人也成为消费机器。一个人价值的高低是由有人愿意用多少钱购买其劳动力，以及他可以消费/占有多少来衡量的。

在这种机械思维的主导下，不仅人可成为机器，而且自然万物也被视为毫无内在关联的无生命的“死物质”，或至少是“死寂的物质”的“堆积”。例如，动物在笛卡尔那里就是没有主观体验的复杂机器。笛卡尔说过：“既然艺

---

① 参见查尔斯·伯奇、小约翰·柯布：《生命的解放》，邹诗鹏、麻晓晴译，北京：中国科学技术出版社，2015 年，第 75 页。

② 参见查尔斯·伯奇、小约翰·柯布：《生命的解放》，邹诗鹏、麻晓晴译，北京：中国科学技术出版社，2015 年，第 76 页。

术复制了自然，而人能够制造没有思想的自动装置，看起来自然应该能生产出它自己的、比人造的自动装置更好的自然装置是合情合理的。这些自然的自动装置就是动物。”[①] 既然如此，人们当然可以心安理得地冷漠地对待动物和自然界的万事万物。因为“机械没有情感知觉，没有内在价值。它们的价值都是人给予的，都是对人的价值，并最终由市场来决定。这种思维方式无疑为忽视自然、践踏自然、剥削自然提供了理论依据，也为个人主义与人类中心主义奠定了根基。遵照这种思维，现代西方文化不可能给予绝大多数与我们共享地球的其他动物任何关爱和尊重。食物生产的工业化为这种态度做了一个大规模的最好的注脚。我们大肆生产人类消费所需的肉类，完全不顾及家禽家畜的生命”[②]。因此，在经济主义那里，不仅人的其他价值是可以被忽略不计的，动物、植物以及整个自然的本身价值也是微不足道的。它们与其他东西一样都成了商品，或者是资本的一种形式。

方法论——错置具体的谬误

现代社会，各种丰富复杂的知识是按学科进行分类的，而且各个学科都具有明晰的规范。尽管这种分类是必须的，而且在许多时候也极富成效，但柯布认为，它“也存在着内在的局限和危险。特别是面临犯阿尔弗雷德·诺斯·怀特海所讲的‘错置具体的谬误’这一危险”[③]。

所谓“错置具体的谬误”就是错误地将抽象当作具体，失之于具体问题具体分析。在经济学成为一门独立学科的过程中，受自然科学研究（如物理学）的影响至深，逐渐脱离了它早期所拥有的强烈的历史与人文因素，一心一意地向着科学方向狂奔，为经济学完成牛顿当时为天体力学所做的事情。柯布博士指出：“这个选择决定了它的命运。一方面，这使得发展强有力的分析

① 赫尔曼·E. 达利、小约翰·B. 柯布：《21世纪生态经济学》，王俊、韩冬筠译，杨志华、郭海鹏校，北京：中央编译出版社，2015年，第110—111页。

② 参见查尔斯·伯奇、小约翰·柯布：《生命的解放》，邹诗鹏、麻晓晴译，北京：中国科学技术出版社，2015年，第2页。

③ 赫尔曼·E. 达利、小约翰·B. 柯布：《21世纪生态经济学》，王俊、韩冬筠译，杨志华、郭海鹏校，北京：中央编译出版社，2015年，第25页。

和预测工具成为可能。另一方面，则造成严重的扭曲。一旦做出这种选择，这些就不可避免。”①

具体来说，首先，当经济学家想把经济学变成科学时，“他们关于科学的概念是以物理学而非进化生物学为基础。那意味着，经济学必须专注于阐述模型和发现‘支配’当下经济活动的规律，而不是寻找‘支配’经济体系变化的规律，或者追问偶然的历史事件”②。经济学家的这种努力使“经济学成为社会科学中最具理论性和严谨的学科。它使得经济学至少在某些历史时期成为引导者和预言者，其他任何社会科学都没能做到这一点”③。与此同时，经济也为此付出了相应的代价，即从研究内容所发生的丰富变化中抽离出来，理论重于事实，“对事实的观察则要服从于对理论的关心，那些与理论无关的事实大都被忽略”④。

其次，经济学成为科学的另一个表征就是将经济学数学化，而数学则只对可以公式化即可以测度的内容有效。这意味着，经济学认为，那些不能被测度的事物也许并不存在。

其结果便是，“当经济学家发现某个经济分析模型有效或者正确的时候，它就被当作是普遍有效的，至于这种模式或假设所产生的特定历史条件则被忽略掉了。也就是说，这种规律所产生的现实条件发生变化或者处于不同的现实背景中时，它仍然被看作是有效的”⑤。

经济学忽略了那些与理论无关的事实，也忽略了那些不能用数学公式测度的事物，让思考服从于学科要求。这里，经济学被极端简化了，也被高度抽象化了，严重脱离经验、脱离事实。也就是说，现代经济学理论没有具体问题具

---

① 赫尔曼·E. 达利、小约翰·B. 柯布：《21世纪生态经济学》，王俊、韩冬筠译，杨志华、郭海鹏校，北京：中央编译出版社，2015年，第27页。

② 赫尔曼·E. 达利、小约翰·B. 柯布：《21世纪生态经济学》，王俊、韩冬筠译，杨志华、郭海鹏校，北京：中央编译出版社，2015年，第29页。

③ 赫尔曼·E. 达利、小约翰·B. 柯布：《21世纪生态经济学》，王俊、韩冬筠译，杨志华、郭海鹏校，北京：中央编译出版社，2015年，第30页。

④ 赫尔曼·E. 达利、小约翰·B. 柯布：《21世纪生态经济学》，王俊、韩冬筠译，杨志华、郭海鹏校，北京：中央编译出版社，2015年，第30页。

⑤ 樊美筠：《现代经济理论的失败：现代建设性后现代思想家看全球金融危机——柯布博士访谈录》，载《文史哲》2009年第2期。

体分析，而是将某种抽象的经济模型简单地视为“放之四海而皆准”的原则了，完全忽略了历史的差异、国情的差异、文化的差异等。

在柯布看来，令人更为痛心的是，美国最好的经济学家（如来自芝加哥大学、麻省理工学院、马里兰大学、耶鲁大学等高校的经济学家）都掉进了“错置具体的谬误”这个陷阱。

这里，柯布博士并不是要反对抽象。他认为在科学研究中，抽象是必要的，问题在于是否因过分抽象而忽视现实中被抽象掉的其他部分。怀特海指出：“推理的方法论需要对所涉及的抽象有所限制。相应地，真正的理性主义必须不断地通过回归具体情景寻找灵感来超越自我。自满的理性主义事实上是一种反理性主义。它意味着武断地停留在一系列特殊的抽象中。”①

这就是为什么在现代经济学中，有血有肉的现实的人被抽离出来，成为一个“经济人”；个体被从复杂的社会关系中抽取出来，成为一个独立自足、自私自利的人；市场被从其所处的共同体与自然环境中抽取出来，从而只能用“外部性”来命名市场交易的“溢出效应”；财富被抽取出来，成为货币；土地从自然中被抽离出来，成为商品；增长可以忽视自然资源的有限性而成为无限的增长；自然的价值、文化的价值，以及美德等都被经济学抛在了视野之外。其结果就是，政治理论家很少关注正义的价值，社会学家很少关注社区共同体的价值，心理学家很少关注人的满意度的价值，生态学家很少关注生态系统的价值。人类成为一套抽象体系的囚徒。

经济学的这种高度抽象化正是怀特海所说的“错置具体的谬误”在经济学中的一种集中体现。按照怀特海的分析，“这些抽象对现代思想产生了灾难性的后果。它使工业变得非人性化，这只是内在于现代科学中的普遍威胁的一个例子。它的方法论过程是排他的和不容异己的，而且确实如此。它把注意力固定于一组明确的抽象而忽略了所有其他的东西，同时探明所有信息和理论细节，只要与它保留的东西相关。假使这些抽象是审慎的，那么这种方法是成功的。然而虽然是成功的，但是它有局限。对这些局限的忽视导致了灾难性

① A. N. Whitehead, *Science and Modern World*, New York: Macmillian, 1925, p. 200.

的疏忽”[①]。

作为怀特海哲学的第三代传人，柯布也明确指出：“经济学家割裂了经济规律与产生它的现实之间的有机联系。而且很多现代经济学家都是把经济现象当作一个相对独立的抽象对象来加以研究，这样做也忽视了现实生活中各个部分之间的内在联系。而用这些抽象的、脱离了与整体和其他部分关系的规律去解释变化了的现实或者指导实践，就会对现实造成歪曲和导致严重的破坏性后果。怀特海曾说：‘政治经济学作为一门科学，在亚当·斯密死后的早期研究中，它所带来的损害要多于它所带来的好处。虽然它摧毁了许多不切实际的经济幻想并教给人们如何看待经济革命及其发展，但是它也给人们套上了一系列抽象概念的枷锁，而这给现代思想所带来的后果是灾难性的。’”[②]

毫无疑问，经济主义在方法论上犯了怀特海所说的“错置具体的谬误”。经济学作为一门科学，着眼于“分析的方便”而不是经验根据，从而对现实缺乏关怀，这正是其采用的方法论所导致的，也是经济规律所面临的真正问题所在。显然，用这种方法来研究与阐释现实，短期或许有效，长期则难逃失败的命运。事实也正是如此。现代经济学家因此成为“一个对全球的恶化漠不关心的集团”[③]，对于环境污染、资源枯竭这一滔天罪恶，现代经济学家难辞其咎。这被柯布称为“经济学犯下的大错”，是“标准的经济学的原罪”。[④]

柯布认为，虽然抽象不可避免，但我们却可以通过两个比较简单有效的方法来减少“错置具体的谬误”。第一个方法就是“重回具体以找寻灵感”。第二个方法就是避免过分的学术专业化，在具体与抽象中时刻保持某种动态的平衡。

---

① A. N. Whitehead, *Science and Modern World*, New York: Macmillian, 1925, p. 200.

② 樊美筠：《现代经济理论的失败：现代建设性后现代思想家看全球金融危机——柯布博士访谈录》，载《文史哲》2009 年第 2 期。

③ 王治河主编：《全球化与后现代性》，桂林：广西师范大学出版社，2003 年，第 52 页。

④ 参见赫尔曼·E. 达利、小约翰·B. 柯布：《21 世纪生态经济学》，王俊、韩冬筠译，杨志华、郭海鹏校，北京：中央编译出版社，2015 年，第 36 页。

第三节　走向共同体经济

鉴于现代经济学的上述局限和弊端，柯布博士反对现代经济思想继续主宰我们的生活，在此基础上他提出了一种超越现代经济学的另类方案——后现代经济学。在他看来，“对生态文明的后现代之追求，可以而且应该替代对现代化之追求”。[①]“要在地球上取得生态可持续发展和社会正义，除了构建新的社会经济秩序外别无他途”[②]。而这种新的经济方案在他看来，既应是自给自足的民族经济，又应是可持续发展的经济；既满足穷人的需要，同时又促进所有人的可持续生活。它既不同于科学化管理的经济，也不同于新自由主义的市场经济。其最终目的是整个人类和地球的共同福祉，而不是盲目贪婪地追逐利润，服务于极少数超级富豪。

显然，这是一种经济范式的变革，是“地球主义”对经济主义的挑战，“这种变革既给企业带来了长期的更大的利益，也减轻了对自然资源的压力，并减少了环境污染”[③]，是一种双赢的局面。

在他与世界著名生态经济学家，世界银行著名经济顾问赫尔曼·达利合著的《为了共同的福祉》一书中，更是明确地将这个新的经济学方案称为“生态经济学”，也就是21世纪的后现代经济学。此书虽然被主流经济学界集体有意忽视，但却被生态经济学界视为“生态经济学的圣经”，二位作者也被视为生态经济学的创始人。正是在此书中，柯布博士与达利博士分析了生态经济学如何可能，建构了21世纪生态经济学的基本框架。

那么后现代生态经济学的主要理论构成有哪些呢？通过对《为了共同的福祉》一书及柯布博士多篇探讨经济学的论文的分析，我们发现，柯布心目

---

① 赫尔曼·E. 达利、小约翰·B. 柯布：《21世纪生态经济学》，王俊、韩冬筠译，杨志华、郭海鹏校，北京：中央编译出版社，2015年，第1页。

② 查尔斯·伯奇、小约翰·柯布：《生命的解放》，邹诗鹏，麻晓晴译，北京：中国科学技术出版社，2015年，第253页。

③ John B. Cobb，Jr.，*The Earthist Challenge to Economism*，Great Britain，Palgrave Macmillan，1999，p. 40.

中的生态经济学即后现代经济学主要由共同体经济、生态经济、创新经济、幸福经济四个相互关联的部分构成。

共同体经济

柯布与达利博士在合写《为了共同的福祉》一书时，曾将该书命名为“共同体经济学”①，只是后来出版商将该书改为现在的名字，也得到了两位作者的赞同，认为“为了共同的福祉”是一个很好的表达。这表明，柯布博士的经济学思想与现代经济学的一个本质区别就在于，前者认为经济应该为整个人类和整个地球的共同福祉服务，后者则将经济的重心放在个体的利益最大化上。从这一根本区别出发，柯布具体阐述了共同体经济的理论内容。

什么是“共同体经济学”？达利与柯布对此做过一个描述。他们认为，“经济”一词源于“家政学”。家政学“是对家庭的管理，目的是在长期中增加它对家庭所有成员的使用价值。如果把家庭的范围扩大，将更大的共同体如土地共同体、共享价值的共同体、资源共同体、生物群落共同体、组织机构共同体、语言共同体和历史共同体包括进来，那么我们就得到了一个‘共同体经济学’的很好定义”。② 也就是说，在家政学中，所考虑的不是某一个家庭成员的利益最大化，而是所有家庭成员的获益。不仅是所有家庭成员的短期利益，更是大家的长期利益。家庭是一个共同体，还有各种各样的大大小小的共同体，经济学要考虑的是共同体所有成员的多种获益，而不是其中某个或极少数成员的经济利益最大化。

什么是“共同体”？在柯布看来，给共同体下一个恰当的定义并不是一件简单的事情。以社会共同体为例，它需要符合下列三个条件：“(1) 它的成员能广泛参与到支配其生活的决策中；(2) 社会作为一个整体对其成员要负责

---

① 赫尔曼·E. 达利、小约翰·B. 柯布：《21世纪生态经济学》，王俊、韩冬筠译，杨志华、郭海鹏校，北京：中央编译出版社，2015年，第4页。

② 赫尔曼·E. 达利、小约翰·B. 柯布：《21世纪生态经济学》，王俊、韩冬筠译，杨志华、郭海鹏校，北京：中央编译出版社，2015年，第450页。

任；(3) 这个责任包括要尊重成员多样化的个性。”① 这意味着，在社会共同体中，它是民主的，即所有成员都有权并有途径参与到决策的过程之中；它是负责任的，即共同体对其成员负有责任；它是多元化的，即其中每个成员的个性都受到尊重。

可见，在共同体中，个体不仅没有被忽视、被压抑，甚至被牺牲，反而获得了支持、丰富与成全，个体的内在价值得以保存、丰富与提高。这也是为什么柯布反复强调：个体好，共同体才健康；个体的自由和创造性得到极大发挥，共同体才能可持续地繁荣发展。如果一个共同体是建立在压制甚至牺牲个体的基础之上的，它绝不会是一个健康的共同体，更不会有持久的繁荣。

因此，在柯布看来，在把经济人看作“共同体中的人”这一新概念的基础上，“重新思考经济学”是十分必要的。

在这种思考中，经济人不再是市场中的个体，而是共同体中的人。经济人是由其关系构成的，是在关系中产生并通过关系存在的。离开了这些关系，他就没有位份。任何个体都不可单独存在，而只能存在于共同体之中，并由他们借以存在的共同体构成。关系创造了个体，发展了个体，并丰富了个体。这意味着共同体不是排斥和压抑个体，而是尊重和成全个体的，“个体与共同体相互共生，也互为依靠”②。作为一个整体，共同体的福祉是由每个个体的福祉构成的，个体的充分发展有助于成就共同体的富有；而共同体的发展又为个体的进一步发展提供了支撑。他人的健康恰恰有助于自我的健康。儿子在损害母亲健康的条件下不可能通过获得更多的食物而获益，那些在损害其共同体的利益条件下获得财富的人也不可能有真正的幸福。个人幸福和他人的幸福密切相关。可见，个体与共同体互为条件、相互依存、相互成全、相得益彰，是休戚与共的关系，是共生共荣的关系。

由于人是群居性的社会动物，需要有生活的圈子，只有在社会共同体中，人才会有安全感、满足感和幸福感。“在现实世界中，自给自足的个体并不存

---

① 赫尔曼·E. 达利、小约翰·B. 柯布：《21世纪生态经济学》，王俊、韩冬筠译，杨志华、郭海鹏校，北京：中央编译出版社，2015年，第178页。

② 赫尔曼·E. 达利、小约翰·B. 柯布：《21世纪生态经济学》，王俊、韩冬筠译，杨志华、郭海鹏校，北京：中央编译出版社，2015年，第18页。

在。为了生存，一个婴儿不仅需要经济学家非常熟悉的商品和服务，而且还需要爱。那种爱的多少、性质和特征以及所有跟爱有关的事物，影响着一个人成长的各个方面。”[①] 因此，“一个社会及其成员完全为了生存也需要彼此相互尊重。如果向自我的倒退不能得到遏制，共同体无法得到重建，那么冲突和沮丧的程度将会加深。缺少共同关怀将导致社会失灵而且‘一无是处’。社会状况将持续恶化，甚至最终可能出现毁灭”[②]。

人类或社会共同体还包括子孙后代，他们的存在对人类共同体来说至关重要。这意味着，经济学不能仅仅局限在当代人类的利益，还必须考虑到我们子孙后代的利益，如北美印第安人所说的凡事要考虑到七代人的利益。不能竭泽而渔，寅吃卯粮，让子孙后代没安全的食物可吃，没必需的资源可用，没纯净的水可喝，没清新的空气可吸。

这里说的共同体不仅局限在人类社会，而且扩大到整个星球、整个宇宙。我们是整个宇宙共同体的一员。整个人类共同体也对地球共同体负有不可推卸的责任，因为“自然界发生的事情对人类其实至关重要”[③]。离开地球，“我们无法存活”。每个成员对于他者的共同体都负有不可推卸的责任。共同体的健康决定了个体的健康，决定了生活的质量。由于人类共同体是更大的共同体的组成部分，因此这个更大共同体的健康对我们所有人都至关重要。这也是柯布将对“共同的福祉”的追求视为共同体经济学的首要目标的主要原因。

在这个意义上，共同体经济又是一种追求“共生”的经济。它从一开始就抛弃了现代经济理论的那种观点，即人们的奋斗目标是相互矛盾和竞争的。要战胜通货膨胀，就必须接受利率、贬值和失业；同样，如果一个共同体要保护环境，就必须接受不断增长的通货膨胀和失业。这些目标总是以一方受益、一方受损的方式交替实现的，这种零和博弈式的交替观乃是现代经济理论的一个重要理论预设。而共同体经济理论则表明，经济和社会的发展并不是一种非

---

① 赫尔曼·E. 达利、小约翰·B. 柯布：《21世纪生态经济学》，王俊、韩冬筠译，杨志华、郭海鹏校，北京：中央编译出版社，2015年，第166页。

② 赫尔曼·E. 达利、小约翰·B. 柯布：《21世纪生态经济学》，王俊、韩冬筠译，杨志华、郭海鹏校，北京：中央编译出版社，2015年，第18页。

③ 查尔斯·伯奇、小约翰·柯布：《生命的解放》，邹诗鹏、麻晓晴译，北京：中国科学技术出版社，2015年，第273页。

赢即输的游戏。可持续发展不必付出正义的代价，充分就业也不必依赖破坏性的增长。环境的质量、资源的利用和通货膨胀的减少并不矛盾，在共同体经济学中，它们从一开始就以一种负责的方式被全面地考虑到了。因此，在现代经济学中的非此即彼的竞争性关系，在共同体经济学中可以变得相辅相成。用柯布的话说："按零和博弈的原则来组织社会是不必要的。"①

可见，共同体经济学不是一种纵容自私、鼓励贪婪的经济学。首先，它认为，个体的价值不是通过金钱与财富，而是通过其经验的丰富性来衡量的。所谓经验的丰富性就是关系的丰富性，并依赖于经验对象的丰富性。这意味着，任何一种不指向个人经验丰富性的经济政策，或其他政策都会使人类以及整个世界误入歧途。在现代经济理论的视域下，人被简化为生产者和消费者，不是共同福祉，而是个人利益的最大化得到了纵容、肯定甚至赞美，这一点集中体现在对商品和服务的无节制的占有与消费上。其结果便是现代人完全忽视了经验丰富性的重要性，反而理所当然地认为，幸福是由占有构成的，消费越多，占有越多，人们就会越幸福，从而酿成人而不仁的悲剧。在这里，柯布博士虽不否认在很多情况下，占有与消费关涉经验的丰富性，但他同时也强调占有与消费的经验并不等同于经验的全部，占有与消费更不等同于幸福。在他看来，生活质量特别是对人际关系的满意度比人均财富或消费更能反映一个人的幸福状况。

其次，与现代经济学理论认为市场就是一切，"经济是人类生活中最重要的部分，整个社会都应该围绕经济这一中心来组织"，"政府的基本功能"被界定为"服务市场"完全不同，共同体经济学强调"经济应该为共同体服务，而且共同体的价值决定了那些被视为发展的东西"。② 它要求人们"从共同体整体需求的角度看市场"，让经济为社会服务、为共同体服务、为环境服务、为子孙后代服务，经济活动应该从属于地球及其居民的共同福祉。

具体说来，共同体经济表现为地方性经济。因为地方（如村镇、区县与省市，甚至一个国家）就是一种地缘性的共同体。人们居住在那里，生活在

① 查尔斯·伯奇、小约翰·柯布：《生命的解放》，邹诗鹏、麻晓晴译，北京：中国科学技术出版社，2015 年，第 273 页。

② John B. Cobb, *Sustaining the Common Good*, 1994, p. 57.

那里，甚至祖祖辈辈都没有离开过那里，亲情在那里，关系在那里，乡音相同，文化相同，那里的青山绿水养活了他们的身体，滋养了他们的灵魂，也造就了他们身体与精神的独特性，从而与其他的共同体区别开来。所谓“一方水土养一方人”是也。因此，他们是当地的主人，当地的自然资源（山川河流、矿产农田等）不仅应属于他们，而且应属于他们的子孙后代，更应属于整个地方共同体。外来资本无权仗着自己财大气粗，大笔一挥，支票一开，就将它们归为己有，大肆开采，肆意污染，竭泽而渔，最后怀揣大笔财富扬长而去，留给当地的只有灰蒙蒙的天空、污染的河流、浸泡在化肥和农药之中的毒土地，千疮百孔的乡镇与成千上万的绝望居民。也就是说，共同体经济要强调的是市场地方化，最优配置当地资源，自力更生，地方共同体要掌控自己的经济命脉，当地居民也要积极参与其中。

（1）市场地方化，而不是市场全球化。也就是说，市场是要为当地服务的，是为了地方共同体（居民、动物、植物、土壤、河流与整个自然）的共同福祉服务的。如果这样理解经济，工作外包就要三思而行，因为它很容易造成对当地共同体成员的伤害，如失业等。当然，这并不是说地方共同体经济是排斥贸易的，它并不排斥必要的贸易。柯布指出：“国际自由贸易有其优点，但也有其负面影响。……今天自由贸易的规模和范围，给参与其中的大多数国家带来的损害，超过了它带来的好处。现在对美国来说就是如此。”①

（2）它强调当地资源的最优配置，鼓励自力更生、自给自足，而不将满足衣食住行的基本需要放在远方。一个共同体不应该依赖其他共同体来提供其必需品，即它在生活必需品上应该自给自足（不是闭关自守）。柯布说，不能实现这种自给自足的共同体，其安全性是堪忧的。

（3）它要求地方共同体掌控自己的经济命脉，拥有当地自然资源的应是共同体的成员以及他们的后代，而不是远在大洋彼岸的某个跨国公司或超级富豪。这样，权力就被局限在能够着眼于当前问题而采取行动的共同体之中，而人民与地方将拥有更多的权利，同时也为当地经济的民主管理、为当地社区以

---

① 赫尔曼·E. 达利、小约翰·B. 柯布：《21世纪生态经济学》，王俊、韩冬筠译，杨志华、郭海鹏校，北京：中央编译出版社，2015年，第387页。

及个体提供更大的发展空间。在这里，对权利的理解也有了根本性的改变。因为它倡导的是说服性的权利，而不是强制性的权利；善于接受的权利，而不是主动施与的权利；是共享权利，而不只是个人的权利。考虑到当前跨国公司的做大，全球权利日益从政治控制转向经济控制，共同体经济对发展地方共同体的强调、对地区经济自给的强调以及对个体在共同体中在经济政治文化决策中作用的强调，无疑更能强化公平分配的基础，更加符合广大人民的最高利益。在柯布看来，地方共同体只有控制了自身的经济，才能成为人类共同体和生态共同体中一个健康和有效的共同体。

（4）它鼓励当地居民积极参与社区建设，参与到繁荣地方共同体的决策之中。由于当地经济的命脉掌握在当地人自己手里时，这种参与不仅是可能的，更是现实的，因此地方共同体经济也是一种真正民主的经济。并且，只有当地方居民能够自己决定其所在共同体的繁荣发展时，他们才能发挥最大的创造力，拥有最大的幸福感，这样的发展也才是最好的。柯布以乡村为例，他说，也许有人会质疑，乡村如何能更好地满足其需要？“村民们自己来做出决定，从而决定他们自己的命运。结果通常是提高了他们的生产能力。他们可能通过引入一台抽水机来增加他们的水源供应，或者通过铁犁代替木犁来提高他们的粮食生产。不管决定是什么，共同体在从事它作为一个共同体想要做的事情上，更加富有成效。它的共同体特征及其产生能力一起得到了加强。”①

当然，一个共同体也可能做出错误的决定。然而，柯布指出：“这类共同体发展所犯的错误数量和严重性，都远远低于那些当由个人主义理论决定要做什么时所犯的错误。”②

总之，后现代经济学强调共同体与共同福祉，强调共同体作为一个整体的福祉是由每个人的福祉构成的，这种福祉不只是经济上的，也是文化上、社会上与精神上的。这与现代经济学强调个体与个人利益的最大化、将福祉仅仅视为经济利益有着本质上的区别。

① 赫尔曼·E. 达利、小约翰·B. 柯布：《21世纪生态经济学》，王俊、韩冬筠译，杨志华、郭海鹏校，北京：中央编译出版社，2015年，第171页。

② 赫尔曼·E. 达利、小约翰·B. 柯布：《21世纪生态经济学》，王俊、韩冬筠译，杨志华、郭海鹏校，北京：中央编译出版社，2015年，第171—172页。

生态经济

与共同体经济相联系，后现代经济也是一种生态经济，即它不仅追求所有人的共同福祉，还“将经济系统看成一个更大的有限系统的一部分”，追求人与自然的共同福祉，将可持续性纳入经济学的基本理论框架之中。

正如柯布与达利在《为了共同的福祉》一书中所指出的那样，他们对经济学的反思与建构都是基于怀特海的有机哲学。也就是说，这种新的经济学首先承认人类和自然界是一个有机的整体，人是自然这个大共同体的有机组成部分。人与自然之间存在着复杂丰富的内在联系。构成人类存在的各种关系不只局限于人和人的关系，还包括人与自然环境以及其他创造物之间的关系。人类的一切都与自然相关，他们之间枝枝相连、息息相通、休戚与共、共生共荣。人与自然的这种血脉相连性也包括了人与其他创造物之间的血脉相连性，人与自然的这种一体性也包括了人与其他创造物之间的一体性，它们的幸福也有助于人自身的幸福。

其次，这种经济学承认万物均有其与生俱来的固有价值，内在价值并不只局限于人类，宇宙万物也并不存在价值为零的情况。因此，宇宙万物均值得被尊重、被敬畏，而不应被剥削、被奴役，其内在价值均值得肯定、发展与丰富。不仅人是目的，万物也是目的。

这体现在经济学中，就是承认自然本身就有其内在的价值，经济系统是一个更大的有限系统的一部分。

（1）自然不是一个被动的、空寂的、没有价值的原材料库，相反，其本身就有其内在的价值。它不是死物质，而是鲜活的能量。受牛顿力学的影响，现代经济理论认为土地、森林等是物质，而物质是被动的，只有人类才能赋予它价值。离开人类，它只是未开发的、被动的原材料，而且处于自然的被动状态下的土地与森林没有任何价值。按照柯布的分析，正是现代经济理论对自然世界的忽略，导致了“经济实践中物质世界的退化”。该理论把自然简化为被动的物质，或者简化为人们大脑中的构想。在柯布看来，现代经济理论的哲学预设是成问题的：“我们不认为可以为此找到正当理由，而且我们怀疑任何人能够在那些条件下持续地生活和思考。”① 他又进一步指出，站在有机哲学的视域看人和其他生物之间的关系，我们必须进入一种“以生命为中心的视角”②。

这具体表现为柯布将能量引入了经济学领域。他说：“爱因斯坦认识到，关于物质的旧有观点行不通，他建议使用‘物质—能量’的概念。一直以来被称作物质的事物，也就是物理对象的实质，和一直以来被称作能量的事物，是可以相互转化的：$E = mc^2$。但是作为谈论‘物质—能量’的一种方式，‘能量’这个词要比‘物质’这个词更少误导性。”③ 因为如果我们将自然万物看作“能量”，那就意味着自然如土地、森林、河流等就不是被动的原材料，就不可能任由大资本免费地或以极小的成本予取予夺。现代经济学所鼓吹的“如果资本充足，那么就不存在短缺”的核心教义就会不攻自破。

现代经济学家相信物质不灭，他们不承认自然资本的稀缺性，只承认人造资本的稀缺性。以木柴为例。如果有许多人无法获得其煮饭所需要的木柴，不是因为木柴的稀缺，而是因为他们缺少购买木柴的钱，这里“直接短缺的东西是货币收入，而不是木柴。经济学家指出，在有了足够的资本后，当地就可以供应大量的木柴”④。在他们看来，“所有的物理事物都最终是由同样的不可毁灭的物质构成的，这种物质在生产中被配置，在消费中被打乱，再在生产中被重置”⑤，经济只不过“是一个从生产到消费再到生产的封闭式流动。什么也没有被用光，只是被打乱了”⑥。因此，人类尽可以心安理得地用一种物质替代另一种物质，榨取与剥削自然万物，以满足自身无休无止的欲望。这正是

---

① 赫尔曼·E. 达利、小约翰·B. 柯布：《21 世纪生态经济学》，王俊、韩冬筠译，杨志华、郭海鹏校，北京：中央编译出版社，2015 年，第 196 页。

② 赫尔曼·E. 达利、小约翰·B. 柯布：《21 世纪生态经济学》，王俊、韩冬筠译，杨志华、郭海鹏校，北京：中央编译出版社，2015 年，第 209 页。

③ 赫尔曼·E. 达利、小约翰·B. 柯布：《21 世纪生态经济学》，王俊、韩冬筠译，杨志华、郭海鹏校，北京：中央编译出版社，2015 年，第 199 页。

④ 赫尔曼·E. 达利、小约翰·B. 柯布：《21 世纪生态经济学》，王俊、韩冬筠译，杨志华、郭海鹏校，北京：中央编译出版社，2015 年，第 200 页。

⑤ 赫尔曼·E. 达利、小约翰·B. 柯布：《21 世纪生态经济学》，王俊、韩冬筠译，杨志华、郭海鹏校，北京：中央编译出版社，2015 年，第 200 页。

⑥ 赫尔曼·E. 达利、小约翰·B. 柯布：《21 世纪生态经济学》，王俊、韩冬筠译，杨志华、郭海鹏校，北京：中央编译出版社，2015 年，第 200 页。

增长可以无底线、发展可以无止境的重要原因。

与现代经济学不同，柯布认为，有用的能量是可以被用光的，其根据就是热力学第二定律。该定律表明，“任何时候做完了功，任何时候使用了能量，那么可用的能量的总量就减少。可用能量的减少就是熵的增加”。一块煤被烧尽后，显然不能再燃烧。“来自自然的原料和最终回归自然的废物虽然在质量上相等，但却有着本质的区别。”而“我们生存所依靠的是自然资源和废物之间的质的区别，也就是熵的增加”①。

如果从这个角度来反思经济学，那么，新经济学的建立必须以理解与尊重自然的极限为前提。所谓自然的极限，在柯布那里主要体现在如下三个方面：其一，对于诸如木材、食物、水等可再生资源而言，其生产能力有限；其二，石化燃料和矿物质等不可再生资源的储量有限；其三，它为生命系统存续提供的无偿服务（如吸污能力）也是有限的。② 不同的自然资源之间也许可以相互替代，如天然气可以替代煤，铝可以替代铜等，但人造资本与自然资源却是不能互相替代的。一种自然资源没有了就是没有了，即使再多的人造资本也不能替代它。

这些都表明了自然资源的稀缺性，即它是可以被用光的，如石油、煤炭、水等。到了那个时候，拥有再多的人造资本也毫无用处。就如一个人在逃难路上饥寒交迫，这时一个面包重要还是一个金元宝重要呢？答案是显而易见的。

因此，新的经济学应该将可持续性放在首位，增长与发展都应该被放在可持续性的维度来思考和理解，即增长与发展都应该不仅是有底线的，而且是有极限的。经济的产量应该遵循适度规模原则，应该充分考虑到一个地区的可承载能力。不考虑可持续性，无底线的发展和无极限的增长都会给整个人类以及整个自然带来巨大的危险。

（2）经济系统是一个更大的有限系统的一部分。这与现代经济学将环境视为经济的一个子系统有着本质上的区别。

---

① 赫尔曼·E. 达利、小约翰·B. 柯布：《21 世纪生态经济学》，王俊、韩冬筠译，杨志华、郭海鹏校，北京：中央编译出版社，2015 年，第 203 页。

② 查尔斯·伯奇、小约翰·柯布：《生命的解放》，邹诗鹏、麻晓晴译，北京：中国科学技术出版社，2015 年，第 245 页。

由于经济被视为环境的一个子系统，是生态的一个物理子系统，因此我们必须调整经济使之与生态系统相适合，即经济的发展必须考虑到整个生物圈的健康。人类作为生物圈的一员，应该视整个生物圈为一个由共同体组成的共同体。这意味着，共同体不仅局限在人类，还要扩大到整个星球、整个宇宙。人类不仅是社会共同体的成员，还是另一个更大的共同体的成员。每个成员对于他者的共同体都负有不可推卸的责任，一如每个人都对自己的小家庭负有不可推卸的责任一样。与此同时，整个人类共同体也对地球共同体负有不可推卸的责任，因为离开生物圈与地球，我们无法存活。“自然界发生的事情对人类其实至关重要。”[①] 并且这个更大共同体的健康对我们所有人都特别的重要，它的健康决定了个体的健康，决定了生活的质量。在这个意义上，个体只是共同体中的个体，不能也不应该凌驾于共同体之上。认识到这一点，对经济理论与实践来说，意义重大。因为子系统只是子系统，只是更大系统中的一部分，它不能够也不应该逆天而行，超越它置于其中的母系统的规模而无限发展。经济子系统的增长必须受到生态系统总体规模是有限的这一因素的制约。

总之，基于怀特海的有机哲学以及现代科学的最新研究，后现代经济学将可持续性作为自身最为基本的准则，并视经济为环境的一个子系统，承认自然资本的稀缺性，以及它与人造资本的不可替代性，这可谓经济领域的一场哥白尼式的变革。后现代经济学之所以成为生态经济学，原因即在于此。

创新经济

柯布认为，作为一种“互在”，人虽然是关系（自然关系与社会关系）的产物，但人并非被动地被关系所决定、所控制、所局限，在人的生成发展过程中，主体的选择也起了非常重要的作用。正是在这里，个体的生成从来都不是简单的复制，不是完全依赖于过去与历史，而是更依赖于创新，依赖于未来。每一个人在其生成发展中，在其人生的每一个瞬间，都对既有的关系进行了一种创造性的综合。这个过程是多成为一并被一所提升的过程。在这个意义上，

① 查尔斯·伯奇、小约翰·柯布：《生命的解放》，邹诗鹏、麻晓晴译，北京：中国科学技术出版社，2015 年，第 273 页。

人又何尝不是创造的产物！正因如此，人类才“仍然有可能为他们自己及后代选择一个过得有价值的未来。人类的前途并没有完全陷入黑暗”。[①]

当然，现代经济理论也并非完全否认创新的重要性，它也强调创新，但它更多强调的是技术上的创新，希望技术上的改进能使我们从资源基础那里获得更多的消费品，并用新的资源代替旧的资源。它相信，技术进步可以解决资源稀缺问题。生态危机，气候变化，如果不是弥天大谎的话，也纯属杞人忧天。

早在20世纪70年代初，在《是否太晚?》一书中，柯布就强调指出，如果我们只将解决生态危机的任务交给工程师，盲目关注技术的创新是十分危险的。因为这种对技术的迷信显而易见有三个局限。其一，技术的功能是控制，而自然万物往往不需要人们去干涉与操控它们。其二，工程师与技术人员是根据计划解决具体问题的，而这种计划不是由他们自己决定的。他们并不理解其上司的主要意图，也不了解该工程或项目对环境可能产生的长期影响，只是听从命令动手执行而已。就像塑料袋被发明出来，表面上看来，似乎方便了人们的日常生活。但由于难以被回收，以至于它现在无处不在，在深海里、在河流里、在土地里、在空气中，甚至在人体里，在动物的身体里，危害的不仅是人类健康，还有动物的生命。其三，这种对技术的迷信常常将目的与手段分割开来。

柯布在这里当然无意否定科技的进步，他所否定的是对科技万能论的迷信，他承认技术的创新与进步是必要的，但他要挑战人们的思考：我们为什么需要技术的创新与进步？在他看来，对待创新的一种生态的态度也许更值得采用。这种态度认为，最好的技术是旨在生产真正必需的商品和使用最少资源的技术，而且这种技术不会损害自然环境和人的共同体。它强调的是克服科技对人类共同体的摧毁和对自然环境的伤害，它鼓励的是超越。例如，对现代经济理论来说，发展农业技术是为了增进生产，使利润最大化，但农村共同体的生活质量和土壤的质量却由于大量使用化肥和农药付出了高昂的代价。如果根据后现代生态经济理论来发展农业技术的话，那么首先考虑的则是健康的乡村生

① 赫尔曼·E. 达利、小约翰·B. 柯布：《21世纪生态经济学》，王俊、韩冬筠译，杨志华、郭海鹏校，北京：中央编译出版社，2015年，第380页。

活以及土壤的保育和更新。

幸福经济

现代经济学在很大程度上关心的只是商品，而不是人和人的心理感受。因此，在它所提出的衡量现代经济增长的标准 GDP 中，完全不能真实全面地反映一个国家人民的经济福利，它提供的是一幅有关经济的部分的甚至扭曲的图像。

一方面，GDP 所衡量的只是福利的某些方面。“在我们的可持续经济福利指数里，我们在永久性的收入中减去了一个估值，它需要留出来用于补偿后代因为不能使用不可再生能源（还有其他可耗竭的矿产资源）而遭受的损失。另外，我们减去了生态资源的损失，比如湿地和农田的损失（因为土地使用方式的转变和土壤流失以及板结）。”① 可见 GDP 所衡量的只是部分福利。

另一方面，GDP 提供给我们的甚至是一幅扭曲的经济图像。因为它包括了诸如犯罪、污染、健康问题的代价，以及事故、家庭破产等众多“坏的东西”。例如，战争期间往往是 GDP 大幅度提高的时期，尽管人民饱受牺牲和苦难，包括身心受到摧残和食品的匮乏。此外，地震和海啸也是 GDP 增长的推手，因为医疗费用支出的上升，特别是大规模的房屋重建都会使 GDP 飙升。“我们不仅失之于计算这些代价，而且常常明确地把它们算作利润，诸如我们把清理污染作为 GDP 的一部分。”按照《幸福经济学》作者马克·安尼尔斯基的形象说法：“GDP 理想的经济英雄是一名癌症晚期的大烟鬼，他正打一场昂贵的离婚官司，他因为一边开车一边大嚼汉堡包还一边打手机，造成了一起 20 车连环追尾的交通事故——他的所有行为都为 GDP 的增长作出了很大贡献。”② 这样“创造”的 GDP，正如有学者所质疑的，除了劳民伤财外，“又

---

① 赫尔曼·E. 达利、小约翰·B. 柯布：《21 世纪生态经济学》，王俊、韩冬筠译，杨志华、郭海鹏校，北京：中央编译出版社，2015 年，第 479 页。

② 薛颖：《GDP 死了?》，2014 年 8 月 16 日，http：//news. xinhuanet. com/fortune/2014 - 08/16/c_11121025414. htm。

有什么意义呢?"①

在将许多"坏的东西"纳入其中的同时，GDP 也排除了许多"好的东西"，如家务劳动、抚养孩子、做饭、清洁、打理房子、休闲、帮助亲友和邻居、做义工等不付工资的行为。所有这些行为虽然都发生在市场之外，但它们也是人们经济生活的重要内容。

显而易见，GDP 不能作为衡量一个国家总体福利的指标。

后现代经济学则不同，它并不将经济的增长、财富的积累视为经济学的终极目标，而是强调"经济发展的终极目标是幸福"。柯布多次强调，"经济状况好不等于人类的状况好"②。有鉴于此，柯布提出，"我们应该换一种评估标准"，我们需要一种衡量经济的新方法。"这种方法将给那些想要提高经济福利的人提供更佳的指导。"③ 这正是柯布博士与他的儿子克利福德·柯布提出"可持续经济福利指数"（Index of Sustainable Economic Welfare，ISEW）的原因。在这个指数中，ISEW = 个人消费 + 非防护性支出 + 资产构成 - 防护支出 - 环境损害费用 - 自然资产折旧。它包含增加福利的因子以及减少福利的因子。前者主要有加权个人消费、家务劳动的价值、健康与教育方面的公共支出、耐用消费品等家庭资产和公共基础设施的服务价值、净资本投资等。而降低福利的因子则含有资源损耗与生态环境的恶化，如经济活动中原油和煤炭等不可再生资源的消耗、耕地和湿地减少的损失、水土流失所造成的生产力下降的损失、生态服务价值下降所带来的损失、环境污染、长期的环境破坏如某些特殊能源的消费以及臭氧层破坏的损失、防护性开支、城市化的成本以及外债。

与传统 GDP 相比，ISEW 显然更能真实而全面地衡量一个国家的经济状况，因为它体现了影响人们生活的多种复杂的因素，如消费、教育、公平、医疗、休闲、环境、自然资源、家务劳动等，将人视为一个共同体中的人，而不

① 林治波：《告别 GDP 崇拜》，人民网 2004 年 01 月 9 日，http：//www. people. com. cn/GB/guandian/1033/2287002. html。

② 王治河主编：《全球化与后现代性》，桂林：广西师范大学出版社，2003 年，第 23 页。

③ 赫尔曼·E. 达利、小约翰·B. 柯布：《21 世纪生态经济学》，王俊、韩冬筠译，杨志华、郭海鹏校，北京：中央编译出版社，2015 年，第 465 页。

是经济人；将人的幸福与其所处的社会关联起来，而不是将人的幸福与消费和占有直接等同；将经济视为环境中的一个子系统，而不是反其道而行之；它无疑是一种更加全面、人性化的指标。

而这一点，正是建立在怀特海的有机哲学基础之上的。因为根据有机哲学，万物由经验构成，均是经验性的存在；万物有情，整个宇宙即是情感的海洋，人也是情感性的存在。其实就连所谓的“历史”，在根底上也是人类情感的表达。用怀特海的话说，正是各式各样的情感产生了人类的历史，“历史是人类所有的情感表达的记录”。因为情感与人如影随形，须臾不离，是人心的最基本特征。“感情对于我们每个人来说都是至关重要的，它每时每刻都在起作用，正是一代又一代人的情感决定着历史。”①

越来越多的研究表明，“在高消费城市 3 万美元收入带来的幸福感，与在低消费城市带来的幸福感并不相同”。“收入增加 1000 美元给一个贫穷家庭所带来的福利，多于它给一个富裕家庭带来的福利。”② 在人的基本物质需求得到满足后，物质财富的增长并不能直接地或简单地丰富与提高人们的主观体验，增进人类的幸福。为什么更多的财富并没有带来更大的幸福？这就是伊斯特林悖论，它又称“幸福—收入之谜”或“幸福悖论”，它从根本上挑战了“财富增加将导致幸福增加”这样一个现代经济学的核心命题。

柯布也一针见血地指出：“人类最主要的错误观念，就是把奢侈生活当作美好生活，以为‘美好生活’的标准是由消费的多少来决定的。”③ 似乎消费越多，人们就会越成功，生活就会越幸福。

然而，确凿的证据却显示，美国人均国内生产总值虽在不断上升，但是从 20 世纪 50 年代早期开始，自我评价的幸福感觉却在逐年下降。这说明更多的财富并不能带来更幸福的生活。并且，比起以前受到的很多生活紧张性刺激，包括不可持续的个人财务负担以及个人破产所带来的持续焦虑等，现在的美国

---

① Charles Birch, *Feelings*, University of New South Wales Press, 1995, p. 5.

② 赫尔曼·E. 达利、小约翰·B. 柯布：《21 世纪生态经济学》，王俊、韩冬筠译，杨志华、郭海鹏校，北京：中央编译出版社，2015 年，第 467 页。

③ 王治河、李玲：《美国的主流城市化模式正是中国所要避免的——访著名生态经济学家小约翰·柯布》，载《文汇报》2013 年 2 月 4 日。

人生活得更加有压力、更加消沉。“家财万贯但家庭成员关系伤痕累累的家庭也没有什么真正的幸福可言。”①

柯布强调指出，财富增长并不必然等于幸福，“在各种不同的文化中，都会有人明白这样一个道理：幸福源于互相支持和互相服务，而不是对物品的占有和消费；幸福也可以来自自然的美、来自艺术和音乐、来自人类的知识；此外，挑战自我，取得各种卓越的成就，也可以增加人类的幸福感。人类的互相支持能保证人类满足身体的各种基本物质需要，同时也有利于万物的生长。如果他人没有足够的食物、不能获得很好的自我发展与自我实现，那么，我们所有人都不会快乐”②。人作为情感的存在，作为鲜活的生命，需要亲情、友情、爱情、人情，正是这些而非消费或占有构成了人类幸福的重要内容。柯布以日本冲绳为例，进一步阐发了自己的观点：“大家知道日本人均 GDP 是很高的，而冲绳这个城市，跟日本其他城市比起来经济不是那么发达，可人们幸福指数却比别的地方高。为什么？因为在冲绳，家庭结构、家庭关系还没有被摧毁、毁灭。”③ 那里的人们还能享受到亲情与友情，有着其他地方所日益欠缺的丰富体验。

这一点也得到了“决定幸福因素研究”的成果证明。这种研究表明，幸福的生活，50% 取决于个人的成长和遗传的质量，40% 取决于和家人、朋友以及同事之间关系的强度和质量，只有 10% 取决于收入和教育。2010 年，在对加拿大最幸福团体的一项调查发现，影响幸福的最重要的因素是归属感，即归属于当地团体的感觉，接下来分别是心理健康、身体活动水平、压力程度、结婚、新近移民、失业，最后才是家庭收入水平。研究表明，社会关系对于人类感知幸福和生活质量的作用超过金钱。当基本的物质需求得到满足之后，更多的物质未必使一个人幸福。但是关系却不一样，关系（比如友谊、友情）确实能给你带来幸福感。“幸福显然与财富或消费的相对水平而非绝对水平相

① 查尔斯·伯奇、小约翰·柯布：《生命的解放》，邹诗鹏、麻晓晴译，北京：中国科学技术出版社，2015 年，第 276 页。

② 王治河、李玲：《美国的主流城市化模式正是中国所要避免的——访著名生态经济学家小约翰·柯布》，载《文汇报》2013 年 2 月 4 日。

③ 《共同体精神与中国精神——后现代大师眼中的人类幸福之路》，2016 年 8 月 16 日柯布博士在友成基金会“找寻中国精神”文化论坛上的演讲，载《中国社会组织》2016 年第 20 期。

关。拥有更多，远没有比‘邻居’拥有更多更重要。”① 由于个人的幸福都是与他人相关联的，因此共同体之健康决定了个体生活的质量。又由于人类共同体是更大的共同体之部分，因此“这个更大共同体之健康，对我们所有人也很重要”②。

可见，真正的进步不是通过占有更多的物质财富，拥有更多的金钱获得的，而是通过人们脸上洋溢的笑容以及他们对于真实幸福的体验而显现的。

概而言之，柯布的后现代经济学是建立在怀特海的有机哲学之上的，而不是基于现代西方哲学之上的。因此，它是经济学的范式转变。它不是一种个人主义的经济学，而是一种共同体经济；它不是一种患有“无限增长癖”的经济，而是一种倡导可持续性的稳态经济；它不是一种迷信技术的经济，而是一种创新经济；它不是一种迷恋GDP、强调占有与金钱至上的经济，而是一种幸福经济。它认为包括所有地球居民的健康在内的整个星球的健康，是“至关重要的”。经济应该为整个系统的福祉服务，这就是柯布所说的“大经济”，这是一种旨在为人类和自然的共同福祉服务的经济，是生态文明所迫切需要的经济。

---

① 赫尔曼·E. 达利、小约翰·B. 柯布：《21世纪生态经济学》，王俊、韩冬筠译，杨志华、郭海鹏校，北京：中央编译出版社，2015年，第486页。

② 赫尔曼·E. 达利、小约翰·B. 柯布：《21世纪生态经济学》，王俊、韩冬筠译，杨志华、郭海鹏校，北京：中央编译出版社，2015年，第4页。

第四章　后现代生态文明农业观

第一节　工业化农业的黄昏

现代农业是什么呢？中国科学院植物研究所蒋高明研究员对此有一个清晰的描述：“今天，一提到农业，很多人必然想到美国，想到现代化的大型农场：一个农民可以耕作上千亩土地；用飞机喷洒农药；用转基因技术解决病虫草害问题；在一个县乃至一个州都种植单一的作物，然后通过长途运输将所生产的农产品调往全国乃至世界各地。

“上述规模化、机械化、化学化、生物技术化的农业，被很多学者乃至决策者奉为农业的最高境界，被冠以现代农业的美称。”① 可见，现代农业就是将建立在牛顿力学基础上的机械的、线性的现代技术运用于农业生产活动中，大量使用高强度耕作系统，并普遍采用高水平无机化学农用制品进行大规模单一品种连续耕种的工厂式规模化农业生产方式。

第二次世界大战后，现代农业所带来的短期高速增长的生产能力曾令世界惊喜，它虽然暂时养活了世界上 65 亿人口，但由于其竭泽而渔的生产方式，其发展蕴含的危机便早已注定，并陆续开始爆发。具体说来，现代农业所产生的这些危机，可大致概括如下：

---

① 蒋高明：《生态农业是现代农业的“拨乱反正”》，载《中国科学报》2013 年 8 月 12 日第 8 版。

1. 对土地的榨取

土地是农业的根本，肥沃的土地是人类永久的财富。正如美国著名思想家、农耕诗人温德尔·柏瑞（Wendell Berry）在自己的诗中所说："我们需要的都在这里。"而现代农业以近乎败家的方式对土地进行疯狂的榨取，表现在技术上就是过量使用化肥、大量喷洒农药，设备上粗暴使用巨型农机，时间上野蛮采用连续耕作，空间上实施单一品种耕种。土地只能以惊人的表土流失、急剧的地力下降来表达其无言的愤怒。

"2010 年 2 月 3 日在悉尼举行的澳大利亚碳农业大会上，与会科学家警告称：全球肥沃土壤正以比自然补充更快的速度消失，最后导致表层土壤变得贫瘠。每年大约有 750 亿吨土壤流失，世界上 80% 的适合耕作的土地都遭到中度或者严重侵蚀，全球肥沃土壤将在 60 年内消失，人类因此将面临新的粮食危机。"①

据统计，"美国每年流失的土壤，高达 31 亿吨。美国衣阿华州的土壤，原来十分肥沃，经过长期的现代化农业的运作，损失了一半的表土。平均说来，衣阿华州农民每生产一蒲式耳（每蒲式耳为 351238 升）的玉米，要流失一蒲式耳的表土，种植大豆，损失表土更多"②。"美国中西部一带农田的表土，早年深达 1.8 米，是世界上罕有的肥沃土壤，目前表土只剩下 0.2 米。"③

"哥伦比亚大学斯密斯教授一本书的封面图，图面是我们的地球，其上有一列货运火车环绕地球十八圈，图下的说明是：根据美国水土保持局公布的数字，假如将美国每年表土流失量装入火车货车箱内，这一列运货车的长度将绕地球十八周。"④

这种表土严重流失的现象在任何一个追捧农业现代化的国家都十分令人担

① 《消失的土壤——土壤侵蚀》，文章来源为中国科学院亚热带生态研究所，https：//www.cas.cn/kxcb/kpwz/201407/t20140714_4157025.shtml。

② 廖少云：《从美国农业现代化存在的问题看世界农业的未来》，http：//www.dljs.net/dlbk/26982.html。

③ 《揭开美国农业的画皮》，http：//www.shiwuzq.com/portal.php？mod = view&aid = 1025。

④ 雷通明：《从土壤学观点谈农业现代化》，http：//www.ibcas.ac.cn/zhxw/200506/t20050623_6079.html。

忧。“其中中国土壤的流失速度比自然补充速度高 57 倍，而欧洲高 17 倍、美国高 10 倍、澳大利亚只有 5 倍。”[①] 在 20 世纪最后 20 年，中国台湾地区的农田土壤 90% 遭到破坏，土壤品质下降，毒性升高，有些农田甚至因污染严重而不得不永久休耕。同样，“印度由于接受工业化农业，1970 年开始印度有 1/3 的土地成为了不毛之地”[②]。

科内尔大学的生态与农业科学专家戴维·皮门特尔（David Pimentel）教授指出：每年全球耕地所流失的面积相当于一个美国印第安纳州面积的大小，并导致 1000 万公顷的耕地消失。[③]

以上数据表明，土壤表土正在以惊人的速度流失，人类 99.7% 的食物来源于耕地，如任其发展，未来无地可耕并非是天方夜谭。

2. 对石油的巨耗

现代农业的特征之一就是极度依赖石化能源（煤、气和油），因此又可称为“石油农业”。“当人们把农业体系理解为包括了食物的运输、加工、包装和分销的时候，从单位燃料投入所生产的可食用食物能量的角度来说，它的效率低得多，而且它更加依赖燃料。这些非农业活动消耗的能源大约是农场消耗能源的三倍。”[④] 柯布指出：“农业现代化需要大幅增加化石燃料的使用。如果继续如此，将摧毁为了减少全球碳排放的所有努力，进而威胁人类生存。”[⑤] 而随着石化能源的枯竭及价格的节节攀升，这种农业显然是不可持续的。

澳大利亚“绿色澳洲项目”主任、农业科学家大卫·弗罗伊登博格博士也指出：“现代农业完全依赖矿物燃料，随后又要释放二氧化碳。……现代农业是靠过去 100 年的发明创造发展起来的，它不可能以它现在的形式再持续

---

① 《消失的土壤——土壤侵蚀》，文章来源为中国科学院亚热带生态研究所，https://www.cas.cn/kxcb/kpwz/201407/t20140714_4157025.shtml。

② 陈文胜：《后现代农业是推进农业可持续发展的新标杆》，http://www.kunlunce.cn/gcjy/zhili-jianyan/2017-05-12/115834.html。

③ 参见陈树祯：《化肥、农业、除草剂与转基因危害人类和环境健康》，http://blog.sciencenet.cn/home.php?mod=space&uid=475&do=blog&id=465711。

④ John Gever, Robert Kaufmann, David Skole, and Charle Vorosmarty, *Beyond Oil*, Cambridge, Mass: Ballinger, 1987, p. 28.

⑤ 小约翰·柯布：《中国的独特机会：直接进入生态文明》，王伟译，载《江苏社会科学》2015 年第 1 期。

100年了，更不消说1000年。"① 也就是说，现代农业是非常脆弱的，它的运作每时每刻都离不开石油，它不仅使用大型农耕机器，而且离不开交通工具，使用轮船、火车及卡车这样的消耗矿物燃料的交通工具，远距离地运输食物，去养活数以千计的城市里的成亿的人口。"以纽约这个拥有1500万人口的更大城市为例。要养活这个世界大都会，一年需要3000个车皮从世界各地运输食物。如果全球的或当地的运输系统或冷冻系统出了问题，不到一周纽约人就得挨饿。这一庞大的食物分配系统要完全依赖矿物燃料，保养良好的铁轨、公路、飞机场，以及精到的管理。"② 如果一个城市依靠几千里甚至万里以外的乡村供应其居民的一日三餐，其间如果交通所赖以运行的能源线被掐断，那么后果如何，不难想象。

现代社会，农业由传统上的一个生产能源的经济部门，变成了今天"能源储存的主要消耗者。事实上，农业比任何其他单独一项产业消耗的汽油都要多"③。可见，如果没有了石油，现代化农业的崩溃就在意料之中了。这并非杞人忧天，因为地球的石油存量有限，"以1995年世界石油的年开采量33.2亿吨计算，石油储量大约在2050年左右宣告枯竭。天然气储备估计在131800—152900兆立方米，年开采量维持在2300兆立方米，将在57—65年内枯竭。煤的储量约为5600亿吨。1995年煤炭开采量为33亿吨，可以供应169年"④。"按目前世界石油消耗速度看，现有的石油储备大约60年就会消耗光，而且世界石油消耗速度并未停滞，仍旧在逐年增加。目前全球每天消耗石油量已达8400万桶，几乎每年增加2%。尽管人类科技不断发展、地质勘探技术有了惊人的进步，但所探明的新的石油储量正在明显减少。现有石油消费量同新勘探到的石油量的比例是4∶1，可以预见在不久的将来，不论是发达国家还

---

① 大卫·弗罗伊登博格：《中国应走后现代农业之路》，周邦宪译，载《现代哲学》2009年第1期。

② 大卫·弗罗伊登博格：《走向后现代农业》，周邦宪编译，载《马克思主义与现实》2008年第5期。

③ 吕新雨：《美国农业不是世界农业的榜样》，http：//peacehall. com/news/gb/pubvp/2010/05/201005221858. shtml。

④ 朱敏：《能源危机：一个并不遥远的现实挑战》，http：//www. sic. gov. cn/News/466/6942. htm。

是发展中国家，最终都会面临石油危机。”①

这或许可以说明为什么美国前副总统、2007 年诺贝尔和平奖获得者戈尔于 2012 年 7 月 17 日在美国首都华盛顿发表演讲时，吁请美国政府放弃对石油的依赖的重要原因。

世界廉价石油的供应正在迅速消失，现代化农业正在遭遇着日益严峻的能源危机，其基础摇摇欲坠，仅此一点，就足以表明现今的农业实践是如何彻底不可持续的。柯布和达利断言：“在接下来 40 年的某个时候，石油的成本必然会上升到使现今农业系统崩溃的水平。”②

3. 对环境的污染

环境问题每时每刻都在困扰着当今世界，全球变暖、臭氧层破坏、酸雨增加、淡水资源减少、资源能源短缺、森林锐减、土地荒漠化、物种加速灭绝、垃圾泛滥成灾、有毒化学品污染，凡此种种，不胜枚举。在这里，现代农业模式显然难辞其咎。

因为现代农业不仅离不开石化能源，也离不开化肥与农药。在这个意义上，现代农业又是一种化学农业（Chemical Agriculture）。其所使用的化学制品严重污染饮用水已是不争事实，“加州是美国农业生产最大的一州，那里有些地方的居民饮用水中，可以闻到农药的气味，好些地方居民不得不买水来喝”③。“美国现在每年使用的杀虫剂和除草剂在 4.5 亿至 5 亿磅，最先进的过滤系统也无法完全把它从饮用水中排除干净。土壤中的微生物和动物群减少，化肥中没有被作物吸收的硝酸盐和杀虫剂在土壤和地下水中沉积，而地下水是美国全国 50% 的饮用水、97% 的农村人口饮用水、40% 的灌溉用水的来源。氮化肥使土壤中含有过多的氮素，其中一大部分会以氨或氧化氮的形式散发到空气里，并极其容易地转化为硝酸盐，被雨雪带回地面，造成更大范围的污染。而汽油机产生的氧化氮也是降水中硝酸盐

---

① 《终极命题：石油还够用多少年?》,http：//green. sina. com. cn/2013 - 10 - 15/113528438169. shtml。

② 赫尔曼·E. 达利、小约翰·B. 柯布：《21 世纪生态经济学》，王俊、韩冬筠译，杨志华、郭海鹏校，北京：中央编译出版社，2015 年，282 页。

③ 雷通明：《从土壤学观点谈农业现代化》，http：//www. ibcas. ac. cn/zhxw/200506/t20050623_6079. html。

的主要来源。”①

不仅如此，更严重的问题是因化肥与农药的过量施用而导致的土壤侵蚀与盐化。土壤侵蚀与盐化是人类农业活动始终存在的一个问题。今天北非沙漠所在地，1500年前曾是罗马帝国主要的粮食产地，正是传统的耕作方式，将它变成了目前这种寸草不生的荒凉状况。实际上，只要时间足够长，再肥沃的土地千年犁下来，都会变成沙漠或碎石地。因此，“世界上很少有旱地农业持续了1000年以上的地方”②。“粗略估算，自从人类农业文明以来，人类农业活动已经导致了大约4.3亿公顷的土壤资源遭到彻底破坏。”③

现代农业依靠其先进的科技，虽然暂时解决了养活65亿人的问题，但是仍然没有解决土壤退化（衰竭、侵蚀、板结与外来物质积聚）等古老问题。在现代社会，由于化肥与农药的使用以及大型农耕器械的运用，土地的退化不仅没有减缓，反而变本加厉。“随着农业机械化程度的大幅度提高和大型农机具的广泛使用，土壤的机械压实现象在全球范围内相当普遍，其直接后果是作物根系生长、土壤水、气、肥运动与传输受限。迄今为止，世界上将近40%的农业土壤资源因为人为利用和管理不当发生显著退化，农业土壤退化面积达5.52亿公顷，占全球退化土壤总面积的28%左右。”④

由于工业化耕种的方法，土地基础已经因为土壤侵蚀、化学污染和水枯竭而退化了。“沙漠每年都在扩展，含水层在枯竭，表层土在衰减，农田在让位于城市。除草剂、杀虫剂以及化肥在降低土壤的自然肥力……”⑤ “科内尔大学的戴维·皮门特尔（David Pimentel）教授指出：只有0.1%的杀虫药抵达虫

---

① 吕新雨：《美国农业不是世界农业的榜样》，http：//peacehall. com/news/gb/pubvp/2010/05/201005221858. shtml。

② 大卫·弗罗伊登博格：《走向后现代农业》，周邦宪译，载《马克思主义与现实》2008年第5期。

③ 陈杰、檀满枝、陈晶中等：《严重威胁可持续发展的土壤退化问题》，载《地球科学进展》2002年第17期。

④ 陈杰、檀满枝、陈晶中等：《严重威胁可持续发展的土壤退化问题》，载《地球科学进展》2002年第17期。

⑤ 小约翰·柯布：《中国如何确保可持续的粮食安全》，谢邦秀译，载《武汉理工大学学报（社会科学版）》2016年第3期。

害目标，其余 99.9% 的农药残留于大自然中，对大自然产生重大的冲击。”①

可见，目前世界上触目惊心的环境污染部分原因要归于现代农业。正如中国农业农村部副部长屈冬玉所指出的那样：“现代农业的发展过程中，大量使用的农药、化肥，带来了农药残留、土壤污染、土壤微生物减少、土壤酸化、地表水污染等问题，农业污染已经远远大于工业污染和城市生活污染，成为面源污染的最大来源。”②

4. 对生态的戕害

柯布多年前就已经敏锐地意识到，生态危机已经不可避免。他指出：“客观地审视人类今天所处的境况，就会发现，生态危机在一步步逼近。以气候变化为例：全球气候变暖已不可逆地发生了，它将断送上万年来良好的自然环境。即使我们明天就停止向大气排放碳，冰川也依然会继续融化、过量的甲烷也仍然会被释放到大气中，海平面也同样会升高。这意味着大面积的三角洲和沿海低洼的土地将会被海水淹没。这些地区，正是极富生产力而且人口密集的地方。成千上万的人将成为生态难民，不得不背井离乡寻找新家园。依赖冰川的河流（包括黄河和长江）都将断流或者时断时续地流淌。暴风雨将更加猛烈，更具破坏性。洪水和干旱都会有增无已。那时，人们会要求农业用少得多的耕地养活多得多的人。与此同时，地下蓄水层却将被耗尽。如果不迅速改变耕作方式，土壤将会继续恶化并遭到侵蚀。此外，海洋酸化，珊瑚礁死亡，过度捕捞，以及持续破坏栖息地，都会减少海洋的食物供应。这一切已是不可避免的未来。”③

而在上述危机中，现代农业显然扮演了一个重要的推手。我国有学者指出：“现代化给人类带来的生态危机：自然的和社会的，首先来自于现代农业。”④ 由

---

① 陈树祯：《化肥、农业、除草剂与转基因危害人类和环境健康》，http：//blog. sciencenet. cn/home. php？ mod = space&uid = 475&do = blog&id = 465711。

② “农业部副部长屈冬玉：现在就要考虑如何实现‘后现代农业’”，http://yuanchuang. caijing. com. cn/2017/0423/4263291. shtml。

③ 小约翰·柯布：《中国的独特机会：直接进入生态文明》，王伟译，载《江苏社会科学》2015年第1期。

④ 吕新雨：《美国农业不是世界农业的榜样》，http：//peacehall. com/news/gb/pubvp/2010/05/201005221858. shtml。

于世界人口的增长，对耕地、牧场的需求量日益增加，现代农业不仅导致了上面所说的土壤退化，而且导致了森林受到前所未有的破坏。非洲由 20 世纪初 90% 的森林覆盖到世纪末只剩下 50%，其余的土地因大量使用化肥和农药而遭到破坏，变成一片沙漠，导致非洲长期饥荒。目前，全球荒漠化的土地已超过 3600 万平方千米，占地球陆地面积的 1/4。20 世纪 50 年代左右，科学研究表明，仅需少量的化学药剂便会对一些野生动物造成生理病变，例如干扰生殖系统和内分泌系统，造成性别变异而无法繁衍后代，最终可能导致物种灭绝。澳大利亚珊瑚礁研究所高级中心研究委员会发布了一项研究成果，其中“报告了多达 90% 的世界最大的现存生态系统——澳大利亚的珊瑚大堡礁、广达 133000 平方英里的区域——都已死去，并且再也不可能恢复到它原初的状态了。由矿物燃料所导致的气候变化是这一灾难的决定性原因”①。

同时发生的还有生物栖息地的大量消失。现今地球上生存着 500 万—1000 万种生物，它们正在以每年数千种的速度灭绝。这就是所谓的第六次大灭绝。据科学家估计，20 世纪就有多达 200 万个物种实际灭绝。根据物种面积曲线估计，每年就有多达 14 万个物种灭绝。目前，物种灭绝的速度估计是地球演化年代平均灭绝速度的 100 倍，而第六次大灭绝事件基本上是由人类活动直接造成的。

寰球同此凉热，美国印第安人 19 世纪的忠告是：“当最后一棵树枯萎，最后一条鱼被抓捕，最后一条河被污染，才会发现钱是不能吃的。”② 若不克服现代农业的生态之害，人类将自食其果，难逃灭绝之灾。

5. 对经济的误读

粮食的丰收和过剩似乎曾使现代农业认为规模经济功不可没，这实际上是一种对经济的误读。因为正如柯布的学生、凯萝·庄斯顿教授所指出的那样，“工业化农业系统的真正代价一直都被掩盖了，包括财政补贴、破坏土地等。

① 南西·敏娣：《哀歌世界上最大的珊瑚礁之死》，载《世界文化论坛》2015 年 7—8 月号（总第 70 期）。

② 李惠斌、薛晓源、王治河主编：《生态文明与马克思主义》，北京：中央编译出版社，2008 年，第 110 页。

利用廉价能源的人造机器看起来比使用人力更‘高效’，实际上却增加了农民和大众的健康危机，伴随而来的是患癌率、肥胖、糖尿病、不育的增加，和一大堆的其他健康问题。结果‘便宜的’食品一点都不便宜，而且正在昂贵地花费那些依靠他的人的钱”①。

“化肥、农药和转基因等急功近利的不良种植方法所带来的环境破坏、百病丛生和气候恶化等灾难性损失，远远大于‘传统农业’所带来的经济效益。”②

然而，在现代农业的收支平衡表上，并没有显示出现代农业对环境的破坏、对健康的危害以及对社会的伤害等，这种不包含环境成本、医药成本以及社会成本的账目，怎么可能体现真正的收支平衡呢？怎么可能说现代农业在经济上就真是成功的呢？其所谓的成功不过是通过将巨大的环境、健康及社会成本转移到普通民众的身上，令数百万小农倾家荡产，而大资本家则日益腰缠万贯。因此，越来越多有担当、有良知的有识之士意识到，市场应该也必须真实地反映出生态所付出的代价。化肥、农药生产的食物需反映出水土流失、土地沙漠化的代价以及因食物引起疾病的医疗费用成本；石油的价格需反映出所造成的空气污染代价和呼吸道疾病的医疗费用成本，同时还要反映出酸雨对森林、湖泊、农作物的损害以及对气温上升所造成的破坏性代价。有些代价甚至是无法估量的。如此算下来，现代农业这笔经济账肯定是亏损的。正如柯布早就明确指出的那样：“毫无疑问，从长远来看，在食品生产中，工业化农业的成本依然远远高于收益。只有大型农业企业和大银行才有收益，民众只会损失惨重。”③

也许，现代农业最引以为傲的是它自以为养活了世界上65亿人。工业化农业的拥趸喜欢说，工业化农业“最富成效”，能生产更多的食物。人们认为，人口问题导致食物变得稀缺，因此我们必须尽可能多地生产，并得出结

① 凯萝·庄斯顿：《工业化农业是“养活世界”的最好选择吗?》，载《世界文化论坛》2017年第73期。

② 陈树祯：《化肥、农业、除草剂与转基因危害人类和环境健康》，http：//blog. sciencenet. cn/home. php？ mod = space&uid = 475&do = blog&id = 465711。

③ 小约翰·柯布：《中国的独特机会：直接进入生态文明》，王伟译，载《江苏社会科学》2015年第1期。

论：这意味着我们需要工业化农业。“工业化农业能比任何其他的农业耕作方式生产更多、更便宜的食物，而且不可避免的是，全世界都会实现工业化耕作——也就是说，没有其他可能的办法能够养活全世界现在已经超过70亿，而且有望迅速增长到90亿的人口。很多人由衷地相信这是真的。”[①] 随着人口的增长，不少人甚至认为，为了养活世界上日益增长的人口，除了现代农业外，似乎别无他途。

然而，这是否是事实呢？

“一个关于农业生态学的联合报告吸收了全世界已有的研究，包括很多由联合国所支持的项目。这份报告认为，世界上已经生产了接近100亿人口的足够的食物”[②]，而根据联合国粮农组织的统计，截至2015年，世界上还有8.15亿的饥饿人口。[③] 可见，人类在这里面临的严重挑战，与其说是人口增加导致食物稀缺，不如说是食物的分配问题。用柯布的话说，正是“不合理的分配而不是绝对的匮乏”才是导致全球性饥饿问题的原因。[④] 世界无法养活所有人口的原因在于，那些享有廉价食品的人大量浪费粮食。

尽管中国人均浪费量不像美国那么夸张，但柯布担心，随着越来越多的中国人步入中产阶层，这种优势会减弱。确实如此，“央视报道，中国人每年在餐桌上浪费的粮食价值高达2000亿元，被倒掉的食物相当于2亿多人一年的口粮”[⑤]。

而另一个不可否认的事实则是，工业化农业与有机农业相比，在产量上现在已经不再占据优势。联合国粮农组织认为：“实际上按单位面积总产量计算，小农和自给性农民发明的许多复种制度单产较高。这是因为更加有效地利用了养分、水和日照以及其它一些因素，如农场引进新的再生要素（如豆科作物）和

---

① 凯萝·庄斯顿：《工业化农业是“养活世界”的最好选择吗?》，载《世界文化论坛》2017年第73期。

② 凯萝·庄斯顿：《工业化农业是“养活世界”的最好选择吗?》，载《世界文化论坛》2017年第73期。

③ 《世界上的饥饿发生率正在上升》，http://www.fao.org/state-of-food-security-nutrition/zh/。

④ 小约翰·柯布：《论生态文明的形式》，董慧译，载《马克思主义与现实》2009年第1期。

⑤ 央视：“中国每年浪费粮食800万吨够2亿人吃1年”，http://finance.sina.com.cn/china/20130122/204914367214.shtml。

减少病虫害造成的损失。可以得出这样的结论：如果出发点是传统农业，即使土地退化，有机农场也更有可能提高单产。具体结果取决于管理技能和生态知识，但是随着人才资源增加，预计管理技能和生态知识情况会改善。”[①] 加州大学伯克利分校的劳伦·波尼西奥教授和他的同事新近发表在《皇家学会学报 B》上的研究报告提出：“只要方法得当，有机农业的产量基本可以接近常规农业生产方式。”[②] 柯布认为：“实际上，只要有足够的人工，小农场，即使是有机小农场，也可以和工业化农业生产的一样多，甚至更多。”[③] “虽然有机农业产量总体上比常规农业低 19%，但某些管理方式似乎可以大幅降低这两者之间产量的差异。事实上，有机农场通过同时种植多种作物（混作）以及交替种植不同作物（轮作）的方式可以将上述产量差距缩小一半。”[④] 劳伦·波尼西奥教授团队的研究还发现：“对于燕麦、番茄和苹果等作物来说，有机农业生产方式的产量和工业化农业生产没有区别。产量差异最大的是两种谷物：小麦和大麦。不过，自从 20 世纪中期的农业绿色革命开始，有关方面已经投入了大量人力财力研究如何使用常规的工业化生产方式提高谷物产量——相关投入远远高于对生态农业的投入。所以，两者之间会存在如此巨大的产量差异不足为奇。”[⑤]《粮食危机》一书的作者也指出：“粮食产量初期的大幅度增长后来逐年下降（尽管这一点并未广泛报道），但给人造成十分成功的印象。其实，印度进行绿色革命后，其整体农业生产比绿色革命前增长更为缓慢。在大部分地区，农业人均产出增长出现停滞甚至有所下降。”[⑥] 而美国一个内布拉斯加州的农民则通过自己的实践证实：当他们放弃化学农业方式而开始探索可持续的农业方法时，他们很快发现，“我们的净收入维持在同一水平——而且我们又

---

① 《有机农民能否为所有的人生产足够的粮食?》，http：//www. fao. org/organicag/oa-faq/oa-faq7/zh/。

② 劳伦·波尼西奥：《有机农业产量已经接近常规农业》，https：//www. chinadialogue. net/article/show/single/ch/7629-Organic-farming-techniques-are-closing-gap-on-conventional-yields。

③ 小约翰·柯布：《中国的独特机会：直接进入生态文明》，王伟译，载《江苏社会科学》2015 年第 1 期。

④ 劳伦·波尼西奥：《有机农业产量已经接近常规农业》，https：//www. chinadialogue. net/article/show/single/ch/7629-Organic-farming-techniques-are-closing-gap-on-conventional-yields。

⑤ 劳伦·波尼西奥：《有机农业产量已经接近常规农业》，https：//www. chinadialogue. net/article/show/single/ch/7629-Organic-farming-techniques-are-closing-gap-on-conventional-yields。

⑥ 威廉·恩道尔：《粮食危机》，赵刚等译，北京：中国民主法制出版社，2015 年，第 107 页。

开始享受农业了，我们深信我们所做的对土地、我们和每一个人都是有益的”①。这意味着，工业化农业并非是养活世界的唯一抉择。更何况，受现代农业模式的操控，同一块土地在大量化肥和农药的污染下，肥力下降，造成其产量呈现逐年下降的趋势。而且，“工业化农业只适用于某些大规模同质地区：天气可预测，有大量水资源；而我们面对的世界却有所不同：天气不可预知、大面积缺水。与工业化农业相比，熟练的小规模农业更能适应当地条件和意外变化”②。事实也确实如此。在现代农业模式下，21 世纪初全球已连续出现粮食生产低于消耗的趋势，而且差距越来越大。几个主要出口粮食的国家受气候、水源和地表流失的限制，不仅再也无法提高粮食产量，而且产量还在不断下降。

柯布警告我们不要陷入产业化农业的陷阱。他指出：“产业化农业的辩护者认为，人口问题导致食物变得稀缺，必须尽可能多地生产粮食，因此农业必须产业化。”③ 然而，产业化农业实际上存在着极大的安全隐患。因为产业化的农业，需要在给定条件下，进行资源的稳定经营。但是，“随着天气变得越来越糟糕、越来越不可预测，完成任何种类的农业任务都将会变得愈发困难。农民将不再能够每年遵循同样的日程劳作。他们将不得不找到在水更少的环境下种植农作物的方法。在日益变糟的条件下，仅仅保持目前的生产水平都会非常困难。而且生产性土地会减少，要求会提高”④。更何况产业化农业是单一粮食的大面积种植，由此带来的作物多样性的减少以及对化肥、除草剂的依赖，也非常不利于粮食的安全。

在柯布看来，只有在劳动力匮乏的情况下，产业化农业才有意义。实际上，只要有足够的人工，则小农场，即使是有机小农场，也可以和产业化农业

---

① 凯萝·庄斯顿：《工业化农业是“养活世界”的最好选择吗?》，载《世界文化论坛》2017 年第 73 期。

② 小约翰·柯布：《中国的独特机会：直接进入生态文明》，王伟译，载《江苏社会科学》2015 年第 1 期。

③ 小约翰·柯布：《中国如何确保可持续的粮食安全》，谢邦秀译，载《武汉理工大学学报（社会科学版）》2016 年第 3 期。

④ 小约翰·柯布：《中国如何确保可持续的粮食安全》，谢邦秀译，载《武汉理工大学学报（社会科学版）》2016 年第 3 期。

生产得一样多，而且品质更高。

与产业化农业相比，熟练的小规模农业的另一大优势是更能适应当地条件和意外变化。小规模农业的农人会考虑相邻地区的斜坡、土壤和肥力之间的差异，也可以年年改变种植模式。正值小规模农场的重要性日益凸显之时，放弃这一切则是疯狂愚蠢的行为。

在古巴与苏联关系友好时，双方曾议定用古巴的蔗糖换苏联的粮食和石油，但随着两国友好关系的破裂，这一协定突然终止。古巴仓促之间被迫自力更生，自己生产粮食以养活自己。那时，古巴差不多有一半的土地都用于产业化农业。机器没有石油无法运转，工人完全不懂农事，多年来他们几乎不生产粮食。好在，还有近一半的土地依然为农户所占有。他们能够很快适应这种需求变化，并从蔗糖生产转向粮食生产，从而养活自己和临近城镇的人。与此同时，城里的人也生产出大量粮食自给。古巴人没有被饿死。已经有许多小规模农业实验取得了成功。它们都从产业化农业转到与之相反的另一端。在柯布看来，如果中国政府想帮助农民以一种可持续的方式大幅增产，可以研究世界各地实验者的成功经验，找到办法让农民在中国进行自己的实验。整合传统的农耕经验和现代的高科技技术，中国在有机农耕上，完全可以引领世界。

柯布笃信，在养活世界的问题上，并非只有工业化农业这座“独木桥”可走，“存在另一种选择，它能够确保我们生存。然而，出于深刻的信念，我却可以说，这另一种选择带给我们唯一的生存希望”[①]。联合国粮农组织也认为：“有关材料和实际经验的讨论表明，在适当条件下，有机农业具有供养世界的潜力。”[②] 美国学者庄斯顿也指出：“‘养活世界’最好的方法是支持每一个共同体，依靠本地的和自然的资源去养活自己。”[③] 古巴的经验也证明此路可行。这表明，在工业化农业之外，还存在着另外一种农业模式可以养活世界。

① 小约翰·柯布：《中国的独特机会：直接进入生态文明》，王伟译，载《江苏社会科学》2015年第1期。

② 《有机农民能否为所有的人生产足够的粮食?》，http://www.fao.org/organicag/oa-faq/oa-faq7/zh/。

③ 凯萝·庄斯顿：《工业化农业是“养活世界”的最好选择吗?》，载《世界文化论坛》2017年第73期。

6. 对社会的破坏

在现代农业工厂式规模化的强势生产方式下，在农业社会中迅速产生并形成了一个弱势阶层，这就是传统的家庭农场以及小农场的成员。对于现代农业的剧烈冲击，他们既无招架之功又无还手之力，其结果便是平均每星期有上千家农户面临破产的厄运，他们不得不离乡背井，导致乡村消失、农业社会凋敝。

再以美国为例。在美国，现在是 300 万农民（即全美总人口的 1%）养活了近 3 亿人。而在 20 世纪 30 年代，美国还有 3000 多万农民，农民从 3000 万迅速降到今天的 100 万，如此数量庞大的农村人口破产失业后不得不离开农村，进入城市寻找新的发展机会，这不仅给城市带来巨大的管理压力，也使城市失业问题更加严重。中国是一个农业大国，如果盲目复制美国的这种现代农业模式，意味着中国“只需要 1300 万农民（中国人口的 1%）。充分‘现代化的’农业工业会让大约 8 亿人继续向业已拥挤的大城市大规模地迁移。这一迁移会迫使中国再建 80 个城市，每个城市至少容纳 1000 万人”①。如此大量的人口迁移，正如柯布一针见血指出的那样，将会“引起巨大的社会动荡，很可能导致大量失业，也必然会加剧人与自然的异化”。②

7. 对文化的侵蚀

农业与文化的关系自古以来密不可分。“农为邦本”“民以食为天”“仓廪实而知礼节，衣食足而知荣辱”这些中国古训所反映的文化内涵，世界各国都有共识。有国外学者打过形象的比喻：一个国家好比一棵树。树根是农业，树干是人口，树枝是工业，树叶是商业和艺术。因为有树根，树才能因获得营养而变得茂盛。因此，如果要使树不会枯死，树根必须随时获得营养。显然，当我们改变食物生产方法的时候，我们也改变了食物、改变了社会、改变了我们的价值观念。有人说，人类文化的繁荣发展离不开两大支柱：智慧和慈悲。

---

① 大卫·弗罗伊登博格：《走向后现代农业》，周邦宪译，载《马克思主义与现实》2008 年第 5 期。

② 小约翰·柯布：《中国的独特机会：直接进入生态文明》，王伟译，载《江苏社会科学》2015 年第 1 期。

现代农业急功近利，为了获得眼前的利润，不惜违背自然规律，过度消耗自然资源，大量使用化肥农药，造成资源能源、安全健康、生态环境、经济社会等一系列足以将世界推向“地狱”的危机。现代农业只想着自己的利益最大化，从不为下一代着想，何谈智慧和慈悲呢？

现代农业对文化的侵蚀，究其根源就是对人心灵的侵蚀。现代人为一己之欲而贪婪自私，践踏土地而留下满目疮痍。世纪伟人史怀哲曾经说：“对生命的尊敬，是在建立我们心灵和宇宙的关系。”现代农业漠视生命，摧毁生命，既欠缺智慧又缺乏慈悲，现代农业的危机就是现代文化的危机，也是我们整个地球的危机。

以上诸方面使柯布深信，现代农业模式明显是非常脆弱且不可持续的：它会减少物种的多样性，引起意想不到的灾难；加剧人与自然的异化，引起社会的巨大动荡等。因此，“选择农业现代化在某种程度上是选择死亡”[①]。他说：“我知道这是很强烈的语言，也希望是夸大之词，然而，却不是。”[②]

第二节　史无前例的粮食安全危机

中国古人说，“民以食为天”。农业的出现本是为了向人类提供赖以生存的各种食物。正如美国生态农业践行者温德尔·柏瑞所说：“我们需要的都在这里。”然而，现代农业以及现代食品的加工方式却改变了这一切，在向世界提供食物的同时，也产生了令各国严重不安的食品安全问题。这主要表现为两个层面：个体的层面与国家的层面。在个体的层面上，食品安全问题具体体现为：粮食本身的不安全与转基因食品的安全疑虑。在国家的层面上，它则具体表现为肉食可能引发的粮食危机、转基因食品引发的粮食主权问题以及粮食运输的脆弱性。

---

① 小约翰·柯布：《中国的独特机会：直接进入生态文明》，王伟译，载《江苏社会科学》2015年第1期。

② 小约翰·柯布：《中国的独特机会：直接进入生态文明》，王伟译，载《江苏社会科学》2015年第1期。

1. 食品营养含量下降

早在20世纪30年代，美国首位获得诺贝尔生理或医学奖的卡奈尔（Carrel）医生就已提醒世人："日常供应的食物中所含的营养成分已大不如前。食物虽然保持了原来的外形，但受大量生产的影响，品质已经变化。化学肥料只能提高作物的产量，却无法补充土壤中枯竭的全部元素，因此影响到食物的营养价值。"①

与几十年前相比，同类水果蔬菜的营养含量早就今不如昔。日本文部科学省公布的《日本食品标准成分表》表明："菠菜中铁的含量则从1950年的13毫克下降至1982年的3.7毫克，2000年的2.7毫克，铁的含量也几乎只剩下过去的五分之一。"② 又据"《美国营养学院杂志》2004年12月研究：依据美国农业部1950年到1999年43种不同的蔬菜与水果的营养资料，发现蛋白质、钙、磷、铁、核黄素（维生素B2）与维生素C过去半个世纪以来'可靠性下降'。这种营养含量下降的趋势归于旨在提高性状（规模、增长率、害虫抵抗力）而不是营养的农业实践。库什研究所对1975年到1997年营养资料的分析，发现12种新鲜蔬菜的平均含钙量减少27%；铁减少37%；维生素A减少21%，维生素C减少30%。《英国食物杂志》对英国1930年到1980年期间营养成分资料进行的类似研究，发现20种蔬菜中平均钙含量下降了19%；铁下降了22%；磷下降了14%。另外一项研究表明，现在要吃八只橘子才能获得我们的祖辈吃一只橘子含的同样多维生素A。苹果也已丧失其80%的维生素C"③。而其主要原因就在于土壤枯竭。

由于食物来自土壤，没有肥沃的土壤就没有营养丰富的农产品，也就没有健康的身体。

2. 食品引发怪病

瑞士医生伯车–本奈尔（Bircher-Benner）曾说："营养并非生命中最重要

① 陈文胜：《后现代农业是推进农业可持续发展的新标杆》，http：//www.kunlunce.cn/gcjy/zhilijianyan/2017－05－12/115834.html。

② 《蔬菜营养50年间猛降 菠菜剩2成铁质》，载《扬子晚报》2013年1月10日。

③ 蒋高明：《美国研究发现：土壤枯竭致使食物营养下降》，http：//blog.sciencenet.cn/blog－475－827755.html。

的事，土壤才是最重要的，它可使人类死灭或兴旺。”①

中国人常说，“病从口入”。不仅土壤的枯竭造成了食物营养含量的下降，更可怕的是，在现代农业的模式下，由于大量使用农药与化肥，土壤受到了严重污染，现代社会，食品令人怪病丛生，给人类的健康带来了严重的隐患与极大的危害。美国食品药品监督管理局（FDA）资料显示：“至少有53种列为致癌的杀虫剂现仍大量施放于我们的主要粮食作物；美国疾病管制中心（CDC）报告，1970年至1999年间，因不良饮食引起的疾病增加十倍以上。”② 有证据表明，由于化肥、农药对地球造成的整体污染，就连生活在北极的爱斯基摩人都难以幸免。他们长期以食鱼为生，尸体解剖后发现，他们是全球人类体内化学污染最为严重的群体。他们的免疫系统惨遭破坏，小孩长期罹患中耳炎，注射的天花、麻疹、水痘等疫苗都已无法在体内产生抗体。

湖南省农村发展研究院的陈文胜研究员指出：“现在的很多怪病都是来自于食物，中国的非典、禽流感就是鲜明的例证。据有关研究发现，引发糖尿病的其中一个原因就是食用含硝酸盐过量的温室大棚蔬菜；由于大量施用氮肥，而温室大棚造成光合作用不充分，蔬菜就形成了硝酸盐残留。”③

可见，食品安全问题，到了今天已经成为一个不可忽视的严重问题。

3. 转基因食品安全吗？

今天的食品安全风险中，还有一个以往所没有的现象，即转基因食品。而围绕转基因食品是否安全这一问题形成的“挺转派”与“反转派”之间水火不容的现象，更是将它从高高的科学象牙塔带到了普罗大众面前，构成现代食品安全争论中的一道特异景观。

“转基因生物”（Genetically Modified Organisms，GMO）以及“转基因食物”（Genetically Modified Food，GMF）都离不开20世纪70年代出现的基因工程技术。这种技术通过实验室的设备将其他植物、动物、病毒或细菌的基因注

---

① 雷通明：《从土壤学观点谈农业现代化》，http：//www.ibcas.ac.cn/zhxw/200506/t20050623_6079.html。

② 《美国现代农业的七大谬论》，http：//www.lapislazuli.org/tw/index.php？p=20080503.html。

③ 陈文胜：《后现代农业是推进农业可持续发展的新标杆》，http：//www.kunlunce.cn/gcjy/zhilijianyan/2017-05-12/115834.html。

入生命体，改变生命体的DNA，是将DNA从一种生物直接转移到另一种生物。这一改变在自然界中是不会发生的。因此，基本工程技术与以往人们熟知的杂交技术明显不同。因为后者仅限于种内或近缘种间进行，而转基因却可以跨界进行，生物基因可在人类、动物、植物与微生物四大系统间进行交流，可以按照人们的意愿创造出自然界中原来并不存在的新的生物功能和类型。蒋高明教授在自己的博客中曾对两者作了以下比较，他说："转基因与杂交有本质上的不同。杂交多发生在同种、同属或同科物种之间，亲缘关系很近，如袁隆平的杂交稻是野生稻与水稻杂交，但都是稻属这个植物。杂交最远发生在属间，科间就需要人帮助了，如马与驴的杂交。而转基因是不同的类群（生物类群中的界有三大类，动物界，植物界微生物界，界以下分别是门，纲，目，科，属，种）之间，如将深海里的鱼的基因转到西红柿，微生物的基因转移到水稻里去。杂交在自然界可自然发生，不同界之间的杂交是零概率事件。当然，按照进化论观点，生命起源于一个细胞，但是，生命进化到今天，绝对不可能发生今天这样人与水稻进行杂交，但转基因可以办到。"①

不管人们喜欢与否、愿意与否，如今转基因食品都走向了市场，走上了普通民众的餐桌。今天，美国人的食物中大约有40%—70%是转基因食品，比如玉米、大豆、糖用甜菜（sugar beets）、紫苜蓿等。美国科学院院士、国际知名生物学家马顿·克里斯贝尔（MaartenJ. Chrispeels）说："作为一名从事转基因研究长达15年的科研工作者，我可以非常负责任地说，大多数美国人几乎每天都在食用转基因食品。""超市中70%的包装食品、瓶装食品和冷藏食品都含有转基因成分。"② 中国第一批被列入目录的农业转基因生物包括大豆（大豆种子、大豆、大豆粉、大豆油、豆粕）、玉米（玉米种子、玉米、玉米油、玉米粉）、油菜（油菜种子、油菜籽、油菜籽油、油菜籽粕）、棉花种子与番茄（番茄种子、鲜番茄、番茄酱）。

---

① 蒋高明：《转基因不是杂交，两者不能混淆》，http：//blog. sciencenet. cn/home. php？ mod = space&uid = 475&do = blog&id = 296060。

② 丁佳：《美科学院院士，大多数美国人每天都吃转基因食物》，载《中国科学报》2014年1月15日。

那么，到底人类是否可以高枕无忧地放心食用转基因食品呢？迄今为止的答案可以说是五花八门、莫衷一是。克里斯贝尔说："没有科学证据表明转基因食物较传统食物对人类健康有更多危害。世界卫生组织、大多数国家的医疗卫生组织、科研机构以及科研群体也支持这一观点。"[①] 更有甚者提出"反转基因就是反人类"这一耸人听闻的口号。而环保派与欧盟国家则是坚定的"反转派"。前者认为这种违反自然的转基因作物及产品，未经长期安全测试，长期食用可能对人类及生态环境造成负面影响。20 世纪发生的因为食用由转基因细菌生产的色氨酸食品补剂而导致很多人死亡、数千人得病的事情（即 1989 年日本昭和电工 L-色氨酸事件）也表明，转基因食品并非如"挺转派"所说的那样："没有科学证据表明转基因食物较传统食物对人类健康有更多危害"。事实上，"大量科学文献证明转基因食物以及其生产过程中所需要的化学试剂给实验室和农场动物带来了不利的健康影响"[②]。而欧盟国家则从生态保护与环境的角度出发，排斥转基因作物，抵制美国 GMO 产品的进口。双方似乎公说公有理、婆说婆有理，谁也不能为普罗大众打一张保票，因为根据目前的研究水平，科学家们还不可能完全精确地预测一个外源基因在新的遗传背景中会产生什么样的作用，也不了解它们对人类健康和环境会产生何种影响。他们只能猜测转基因食物可能由于含有新的成分或改变现有成分的含量而对人体产生影响；由于植物里导入了具有抗除草剂或毒杀虫功能的基因，这些基因可能像其他有害物质一样通过食物链进入人体内，经由胃肠道的吸收而将基因转移至胃肠道微生物中；等等。

既然目前的科学水平不能在这个问题上给大家提供一个明确的答案，那么对它持一种谨慎的态度也许是一种可取的科学态度。何况转基因食品所掀起的争议并不仅局限于农业领域或技术层面，更是涉及经济、政治、文化、外交与社会伦理等多个领域。

柯布的老朋友、美国著名生态农学家迪恩·弗罗伊登博格博士从有机哲学

---

① 丁佳：《美科学院院士，大多数美国人每天都吃转基因食物》，载《中国科学报》2014 年 1 月 15 日。

② 《107 名诺贝尔奖获得者是如何被误导而推销转基因食品的?》，http：//blog. sciencenet. cn/blog - 475 - 992619. html。

的角度提出三条对“转基因生物”的原则。第一条原则是他多年前从澳大利亚遗传学家、《生命的解放》一书的作者（与小约翰·柯布合著）查尔斯·伯奇（Charles Birch）那里学到的。伯奇给出忠告：“对将一种前所未有的新生命形式引入生态系统要十分小心。”第二条原则来自他的朋友和同事、美国土地研究院的韦斯·杰克逊（Wes Jackson）博士（麦克阿瑟天才奖获得者）。他的忠告是，“万一误入歧途，我们要留有一条退路”。一旦转基因的生命形式被引入生态系统，就没有了退路……第三条原则则是联合国的预防原则。当我们面临历史上前所未有的问题时，如果存在疑惑，我们就应当格外谨慎。

在转基因引起的轩然大波中，人们对转基因的忧虑与反思更从食品安全上升到国家安全的层面，其中涉及的主要问题就是粮食安全或者粮食主权。而粮食安全中最重要的，正如著名农业专家袁隆平所说，就是种子安全的问题。[①]一粒种子可以改变世界。难怪基辛格有一句名言：“如果你控制了粮食，你就控制了人类。”

如果说“绿色革命”是建立在杂交育种的技术之上的，那么，今天所谓的“基因革命”则是建立在转基因或生物技术之上的。两者的出现，都有一个共同的高大上的理由：养活世界。“绿色革命”曾经声称只有依靠它才能完成养活世界的大业，而“基因革命”的支持者则认为，转基因技术是应对气候变暖和人口增加、解决世界粮食问题的唯一途径。

确实，“绿色革命”“解决了19个发展中国家粮食自给自足问题。其成就归功于农作物新品种、化肥和其他化学品的广泛应用”[②]。由于它严重依赖化肥等化学品，造成土壤严重退化，产品农药和化肥留存，营养含量下降，并且污染了地下水，因而它显然不可持续。

“转基因技术”正是在这种背景下出现的。有人将之称为“第二次绿色革命”，也有人称为“基因革命”。其承诺是“要在可耕地和淡水资源日趋紧张的前提下，既要克服化肥和杀虫剂对环境和健康的不利影响，又要考虑气候变

---

① 臧云鹏：《中国农业真相》，北京：北京大学出版社，2013年，第12页。

② 蒋高明：“《生态农场纪实》连载之八：生态学主导的第二次绿色革命”，https：//m. sciencenet. cn/home. php？ mod = space&uid = 475&do = blog&quickforward = 1&id = 701821。

化对作物生长的可能危害，还要实现粮食增产”[1]，以满足日益增长的庞大人口对粮食的需求。正如英国国际发展部首席科学家戈登·康韦所说：“‘基因革命’能解决的农业问题，远比当年的‘绿色革命’多。”[2]

然而，转基因能否养活世界上日益增长的人口呢？它是否真的是环境友好型呢？更重要的是，如果它只是被少数几个跨国公司所主导并操控的话，事实上也确实如此，国家的粮食主权又如何能得到保障呢？

一份由联合国支持的研究报告表明：“世界已经能生产满足接近100亿人口的足够的食物。”[3] 如果现在世界上已经能生产出满足近100亿人口需要的粮食，那么，我们真需要运用转基因技术来养活世界上所有的人吗？

樊美筠博士在一次对柯布博士的拜访中，专门问到柯布对转基因技术的看法。他的答复是，他并不反对转基因技术。实际上在几千年的农业实践中，人类一直在做这方面的实践。他反对的是孟山都一类的垄断集团利用转基因技术，通过控制种子等多种手段剥削各国农民，并试图控制各国政府的意图。在这个过程中，赚得盆满钵满的是孟山都一类的垄断集团，受到致命伤害的是各国农民、土壤及环境。

因此，柯布博士完全同意他的朋友弗罗伊登博格对转基因作物的观点。当崔永元于2013年来美国进行转基因食品调查时，柯布博士在接受他的采访时就曾经指出，中国应该制定更好的农业政策，以真正有效地帮助农民；中国的农业几千年来利用本地的作物，养活了数亿中国人民，何不继续利用本地的作物，发展有机农业呢？柯布认为，现在转基因成了全球资本主义的一部分，他希望中国至少在某种程度上独立于全球资本主义系统之外。也就是说，中国的农业发展不应依赖于转基因技术，中国人民应当有权决定自己餐桌上的事情，而非向孟山都一类的垄断集团交出本国人民对粮食的自主权。

---

① 蒋高明：《改善生态的绿色革命》，https：//chinadialogue. net/zh/5/37239/。

② Gordon Conway, One Billion Hungry: *Can We Feed the World*? Comstock Publishing Associates, 2012, p. 85.

③ 凯萝·庄斯顿：《工业化农业是“养活世界”的最好选择吗?》，载《世界文化论坛》2017年第73期。

4. 肉食与粮食危机

迄今为止，大概许多人尚未意识到肉食与粮食危机之间的联系。柯布指出，在地球人口稀少的时候，在绝大多数人缺乏食肉条件的情况下，那些能够支付起高昂的肉类价格的人的饮食方式还不足以对人类的生存构成威胁。但是现在的情况变了，越来越多的人都对肉食提出了要求，肉食不再是少数富人的特权，而成了普通人的日常所需。这无形中要求更多的耕地、更多的粮食以提供日益增多的家畜饲料。在可耕土地日益减少、全球人口却日益增多的现代社会，这显然意味着家畜家禽正在从人类口中夺食。这就警示我们：不仅需要关注如何生产出更多的粮食，同时也要关注如何消费粮食。消费粮食的方式不对，也可能产生粮食危机，影响到粮食的安全问题。更何况大量研究表明，天天鸡鸭鱼肉，也是人体健康的一个“隐性杀手”。

柯布认为，在大多数社会中，食肉都是一种非常低效的从土地中获取食物的生存方式。因为1卡路里的牛肉需要10卡路里的粮食。生产1公斤肉类蛋白所消耗的资源是同量植物蛋白的20倍。目前，美国人食用的肉食，大多来自用谷物饲养的动物。这些谷物本可以直接用来供养人类，供1人食肉的动物需要耗用的谷物，可以直接供给10人食用。

总之，在我们所能吃的食物当中，肉是最浪费和最不经济的食物。

按照柯布的分析，从历史上看，中美两国的饮食方式有着很大的差异。以肉为主的饮食方式在美国已经延续了数代人，因为美国的肉类资源非常充足。在过去，美国人的肉类资源主要来自对野生动物诸如水牛等动物的狩猎活动。当野生动物的数量大幅下降后，人工驯养的、非野生的牲畜则成了美国最主要的肉类资源。奶牛是美国小型农场的标配，而且美国小城镇家庭一般都会养奶牛和鸡。因此，长期以来，美国人都保持着以食肉为主的饮食方式：早餐吃熏肉和鸡蛋，中餐吃火腿奶酪三明治或维也纳香肠和汉堡，晚餐吃炸鸡、烤猪肉或牛排。当然，优秀的美国厨师也会以炖汤、砂锅等菜肉混合的方式满足家人的美食需要，但肉仍然是美国人饮食中的主要成分。牛奶是美国的基本饮料，因为美国人认为它对儿童和成人的健康有益。当然，美国人也会吃含有谷物的面包和蛋糕、含有小麦和粗玉米粉的奶油、熟的土豆与生的蔬菜。但总体而言，动物类肉类制品现在仍然是美国人日常饮食的核心。

中国与美国在这里则有所不同。由于中国受传统饮食文化的影响，直到现在，对大多数中国人来说，肉和动物制品仍然不是他们的主要食物。从传统上说，中国人一直都是烹饪植物类食物的行家里手，他们所烹饪的食物既精致又美味。鱼和其他海洋食品在中国人的饮食中发挥了非常重要的作用，水稻和小麦是中国人的主食。猪肉和其他肉类制品仅仅扮演非常次要的角色。

在柯布看来，尽管中国有庞大的人口，但只要中国继续保持传统的饮食方式，那么，中国的食物完全可以自给自足，而不会出现粮食危机。但是，改革开放以来，中国人的传统饮食方式已经发生了很大的改变。肉类菜肴在中国人的饮食中越来越普遍。按照蒋高明博士的分析，“中国每年生产粮食 5.3 亿吨，1.8 亿吨供给人消费，1.4 亿吨作为饲料供给畜牧业（占粮食总产量 25%），其中用于猪饲料近 1 亿吨，猪是仅次于人类的第二耗粮大户”[①]。

由于这种改变，导致中国现在需要从国外进口大量的食品，需要在非洲和南美洲收购大片土地以种植所需要的粮食。预计未来中国的食物消费量将会大幅度地上升。

与此同时，进口大量食物也带来了新的问题。很明显，当今世界的食物供应链已经变得非常的脆弱。气候的改变已经不利于农业生产，非洲由于人口不断增长，其自身的粮食供给也面临极大的困难。法律许可的可以生产粮食的土地已经无法保证为成千上万的非洲人提供足够的粮食。在南美洲，牧场数量的增加和粮食产量的提高是以亚马逊森林的迅速消失为巨大代价的。

从一种公允的立场出发，柯布指出，美国人没有资格批评中国人正在不断增加的肉类消费。中国的肉类饮食人均消费量可能永远比不上美国。每个中国人都有权利像美国人一样享用肉类产品。然而，作为充分了解以肉食为主的饮食结构会对生态造成伤害的美国人，柯布认为，我们有责任拒绝参与此类破坏性的活动并说服其他美国人也这样做。美国人应该承认自己已经误入歧途并敦促其他人不要仿效我们。因为一旦你真正习惯了美国人的饮食方式，代价将是

---

① 蒋高明：“《生态农场纪实》连载之八：生态学主导的第二次绿色革命”，https：//m.sciencenet.cn/home.php？mod = space&uid = 475&do = blog&quickforward = 1&id = 701821。

巨大的。

因此，柯布希望中国在饮食方式上继续保持其祖先的传统饮食方式。当然，在某些特殊场合吃一点肉也不是不可以。少量的肉类生产可以通过家庭农场的方式去实现，这样有利于土地生态，而不是掠夺性地使用土地。如果中国人民普遍地选择中国传统的饮食方式，那么中国就能够退出激烈的土地竞争，让地球上所剩无几的耕地能够增加种植。中国优秀的农民完全可以养活中国人，其优秀的厨师也完全能够为大众提供以素食为主的美味佳肴。如此一来，非洲和亚马逊的森林才会有更好的机会为我们人类提供足够的氧气。

此外，尤为重要的是，改变以肉食为主的饮食结构对于人的健康和长寿至关重要。因为对绝大多数人而言，饮食中少肉或无肉已经被证实对健康有利。如果小孩经常吃诸如汉堡之类的快餐，那么就有可能患上肥胖症，最终影响其预期寿命，这已经成为常识。中国的父母现在都非常担忧小孩的饮食健康。在美国，肉食对增肥起着主要作用。柯布认为，我们可以通过阻止食肉量的增加来提高健康水平。现在，肉食生产成了一个行业。肉食的产业化生产完全不顾动物的痛苦，肉食生产厂也对环境造成极大的破坏。与传统的融入小型农场并益于生态环境的动物相反，现代肉食的工业化生产是一种灾难。它不可能成为生态文明的一部分。

美国现在有一个规模不大但正在不断增长的拒绝食用动物产品的饮食方式转变运动。这种饮食方式也正在改变柯布博士本人。受此影响，柯布与许多美国人一样，开始在日常饮食中停止食肉，但继续食用海鲜和诸如牛奶、鸡蛋、奶酪等动物产品。

柯布说："因为饮食的喜好与选择完全是一个个人选择问题，所以我这里所说的只是我个人在饮食方式上的转变过程。拒绝食肉的过程思想家有很多，我只是其中之一，尽管我的转变过程比较缓慢。对很多人来说，我们与动物的亲缘关系已经足以让我们加入素食主义者的阵营。这其中的有些人你们可能认识，如大卫·格里芬、杰伊·麦克丹尼尔、菲利普·克莱顿和王治河等等，他们在这方面都先我一步。我们的英文杂志《过程研究》主编丹尼尔·丹布拉斯基已对素食主义问题作了较为深入的研究。”[1]

当然，柯布同时也强调，饮食需求因人而异，我们应该为不同的人提供适合其需求的饮食。虽然大多数人认为素食有益健康，但也有美国人在尝试素食后认为它无法满足其健康的需要。在这种情况下，最好的方法是听从医生的建议。不同的环境需要不同的饮食。蒙古草原为动物的生长提供了良好的环境，所以那里的人们可以以动物类制品饮食为主，北极地区因为没有植物，所以那里的居民只能采取以动物产品为主的单一饮食方式。

然而，大多数的美国人和中国人都生活在盛产谷物和蔬菜的地方。因此，食用动物产品的代价远远地高于谷物，因为谷物可以直接地、方便地消费。除了口感外，食肉较之于谷物毫无优势可言，更何况食肉还可能不利于人的健康。因此，当我们坚持以食肉为主的饮食方式时，我们需要认真地进行反思，我们不能只为了自己的需要而掠夺性地消耗土地，事实上同样数量的土地能够养活更多的人。在全球土地资源稀缺的时代，因为食肉需求而掠夺性地消耗土地的饮食方式在道德上必然是不义的。

如果我们能够在居住地附近生产自己所需要的食物，那就会享有更大的食物保障。我们甚至可以在自己院子里、窗台上的花盆箱中以人与自然一体的有益方式种植食物。减少物流同样可以节约能源。如果我们在自己的院子里利用原本要被扔掉的食物垃圾养鸡，然后就能食用鸡蛋和鸡肉，从而停止对生物圈的破坏，停止对贫困者的资源掠夺。

首先，柯布认为，在这个问题上，政府的作用也很重要。美国的肉类产业供应商深知，一旦顾客了解到动物在肉类制品生产过程中的悲惨境况，他们一定会非常震惊。为了销售，肉类产业供应商会要求州议会立法禁止告知顾客事实真相，美国这种做法是完全错误的。因此，社会主义国家的中国应该把这方面的真实信息公之于众。

其次，政府应该让肉类制品生产商为他们的生产支付高额的费用。肉类制作工厂通常会污染地下水和周边的土地。他们通常会被要求治理其污染或者向

---

① 杨志华、王治河：《建设性后现代主义生态文明观——小约翰·B. 科布访谈录》，载《求是学刊》2016 年第 1 期。

政府支付相应的治理费用。众所周知，动物在痛苦的环境中不得病的唯一方法就是让其服用大剂量的抗生素。其结果是我们在食肉的同时也吸收了大量的抗生素。最终，当我们真正需要抗生素治病时，其治疗效果就会大打折扣。这种社会成本也应该让生产商去承担。因此，应该让肉类制品的价格变得更为昂贵。如果这样做能够有效地减少肉类消耗量，那将会是一个非常理想的结果。

在柯布看来，政府不仅应该让肉类生产商支付社会和生态破坏的高额成本，同时也应该让公众充分地了解肉类生产过程中动物的悲惨境遇及其对生态环境和人类健康所造成的严重危害。政府应该鼓励人们认识素食饮食方式的重要性和优势。学校应该教给学生种植蔬菜的技能并充分认识新鲜蔬菜的食用价值。如果这种措施的实施能够使动物肉类产品的消费量降低25%，就会有效地降低食品进口量，更好地解决与此相关的诸如粮食危机等问题，防止食品问题上的各种风险，才有可能提供更多的食物满足缺粮国家人们的生存需要。与此同时，人民的健康状况将会得到进一步的改善，动物为此而遭受的痛苦也会大大地减少。

柯布还进一步从哲学上分析了现代人走向素食的阻力，按照他的分析，导致人们迟迟不能从思想上决定停止食肉的原因在于，在现代西方社会，从笛卡尔开始，动物便被视为一架复杂的机器。机械观在工业化中起着重要作用，表现在这里就是肉食的产业化生产完全不顾动物的痛苦。此外，肉食生产厂也对环境造成极大破坏，而且工业化肉食生产可能会抑制杂货店肉食的价格，因为产品的真实成本由整个社会负担。因此，柯布认为，肉食的工业化生产已成为一种生态灾难，它不可能也不应该成为生态文明的一部分。

5. 粮食运输的脆弱性

柯布认为，现代农业模式严重依赖于交通运输，如果一旦运输受阻或者运输线路被截断，人们的日常生活就会出现三餐不继的现象。因此，今天反思粮食安全的问题，必须要注意到这一点。“以纽约这个拥有1500万人口的超大城市为例。要养活这个世界大都会，一年需要3000个车皮从世界各地运输食物。如果全球的或当地的运输系统或冷冻系统出了问题，不到一周纽约人就得挨饿。这一庞大的食物分配系统要完全依赖矿物燃料，保养良好的铁轨、公路、飞机场，以及精到的管理。中国的任何一个城市也是依赖脆弱的食物供应网，而这样的网可以在数秒钟之内被瓦解。”① 因此，柯布指出，粮食的“安全与不依赖远距离资源之间存在联系。如果中国的农业依靠美国提供种子，中国就不可能成为一个完全独立的国家。如果中国依靠非洲的粮食来弥补国内供给的不足，其他国家可能也会需要这些粮食，从而切断中国的供给线。不言而喻，美国在设法封锁中国的海上贸易。使中国依赖于非洲的粮食生产是与粮食安全背道而驰的”②。

2014 年 3 月 6 日，在全国两会新闻中心记者会上，农业农村部部长韩长赋引用习近平总书记的话，强调中国人的饭碗要牢牢地端在自己手中，而且我们的饭碗主要装中国粮。中国国家粮食和物资储备局局长任正晓也强调：“中国作为一个负责任的发展中大国，如果长时间、大批量地从国际市场采购粮食，这既要付出沉重的经济代价，同时也要在国际社会承担巨大的政治压力，这样的事情显然我们不能做，也行不通。”③

对此，柯布博士给出的建议是缩短供给线。他认为，如果有条件的话，粮食的主要部分应该依靠国内贸易。涉及粮食的必要的国际贸易，最好是与邻国进行。他说：“考虑到遭遇不稳定时期的可能性，城市也应该思考在运输被切断之时如何供养自己。如果必要的知识得到广泛普及的话，城市有能力生产出比一般认为的多得多的粮食。”④ 柯布的学生、美国学者庄斯顿教授也指出：“‘养活世界’最好的方法是支持每一个共同体，依靠本地的和自然的资源去养活自己。”⑤

总之，现代农业与畜牧业的生产方式、食品的消费方式以及运输方式，不

---

① 大卫·弗罗伊登博格：《走向后现代农业》，周邦宪译，载《马克思主义与现实》2000 年第 5 期。

② 小约翰·柯布：《中国如何确保可持续的粮食安全》，谢邦秀译，载《武汉理工大学学报（社会科学版）》2016 年第 3 期。

③ 任正晓：《从四个方面正确认识中国粮食安全形势》，http://www.scio.gov.cn/xwfbh/xwbfbh/wqfbh/33978/34475/zy34479/Document/1475715/1475715.htm。

④ 小约翰·柯布：《中国如何确保可持续的粮食安全》，谢邦秀译，载《武汉理工大学学报（社会科学版）》2016 年第 3 期。

⑤ 凯萝·庄斯顿：《工业化农业是“养活世界”的最好选择吗?》，载《世界文化论坛》2017 年第 73 期。

仅必然导致现代农业的危机、食品安全的危机、粮食主权的危机，同时也对人类的社会文化以及伦理提出了严峻的挑战。在这个背景下，对它进行全方位的反思，构建一种全新的农业就是历史的必然了。

第三节　走向后现代农业

综上所述，“二战”后曾被视作无比优越的、人们趋之若鹜的现代农业发展模式，越来越受到有识之士的质疑和批判，现代农业正在导致地球生命系统的崩溃已不再是什么危言耸听的事。尽管目前发达国家农业的主流生产方式依然是化学式、工厂式、规模化的现代农业，但自 20 世纪 80 年代起至今，对各种不同于现代农业的新型农业生产方式的探索过程从未停止，并日益得到支持和发展，其中后现代农业以其敦实的理论基础和与实践的紧密结合显得尤为突出。

后现代农业不是对现代农业的否定，而是对它的超越。如果说，现代农业视农耕为一个机械过程的话，那么后现代农业则视农耕为一个农人与土地共同创生的过程。如果说现代农业是一种不健康的、不可持续的农业的话，后现代农业就是一种可持续的“健康农业”。它的“首要目的”是为“作为整体的人类”包括我们的子孙后代“提供健康的和愉悦的食品”。此外，它强调农业工作和农村生活本身也应该是“健康和愉悦的”。按照杰伊·迈克丹尼尔教授的概括，后现代农业具有四大要素：它可以满足当前人口的粮食需求；满足未来人口的粮食需求；能够使人口保持在健康状态下支持地方共同体；使人们能够过上一种工作、健康的社会关系和休闲机会相结合的生活。

近年来，西方工业发达国家所一直探索的“可持续农业”“有机农业”“生态农业”“再生农业”“生物农业”“自然农业”等各式各样的“替代农业”在一定意义上都可以看作后现代农业的表现形态。当然，后现代农学家无意提供一个统一的宏伟蓝图让各国农民“照猫画虎”。后现代农业不是一套固定的教条，而是一个“学习的过程”。因此，它否认存在一种“放之四海而皆准”的“全球解决方案”。他们认为任何全球饥饿问题的真正解决一定要对症下药，要从地方共同体的实际出发，对症下药，量体裁衣。后现代农业先驱温德尔·柏瑞写道："除非全球饥饿问题真正被当地人民作为一个生态、农业和文化问题综合体来理解和处理，否则全球饥饿问题是不可能真正得到解决的。"① 套用中国著名农学家张晓山先生关于新农村建设的话说，就是后现代农业是一个动态的发展过程，"没有固定的模式和统一的标准"②。虽然后现代农业没有一个统一的蓝图，但它的核心特征和主要内容还是不难寻觅的。

1. 后现代农业的环境原理

后现代农业是一种环境友好型的农业，因为它意识到农业不能依赖以矿物燃料为基础的农业化学品，而必须：(1) 认识并尊重土地的潜力；(2) 意识到裸露土壤是对地球的犯罪；(3) 普及彻底生物化的、太阳能化的农业方法；(4) 尽量拓展并维护各种生态体系服务。

所谓"认识并尊重土地的容纳力"，就是不妄自尊大，不过分使用土地。许多时候，山坡土壤流失和沙漠侵蚀的土地退化，就是人们妄自尊大、无知无识、不尊重土地所造成的后果。这方面，澳大利亚有深刻的教训。按照佛罗伊登伯格的分析，澳大利亚多数土地退化的根源都源于政府傲慢的政策，这些政策不仅鼓励农民清除保护性林地和灌木丛以方便耕作，而且还允许富有的农民在那些每十年才能得到一两次充足雨水的贫瘠土地上养太多的牛羊，这一切都不可避免地导致土地的退化。

所谓"意识到裸露土壤是对地球的犯罪"，就是要在农业操作中，减少甚至避免裸露土壤。当然，耕地一直是过去一万年农业史上的一桩传统。栽种小麦这样的庄稼，需要牲口拉犁头，或农民开拖拉机耕地。然而历史表明，耕地造成了土地侵蚀和沙漠化。世界上很少有旱地农业持续了一千年以上的地方。在很多情况下，只持续了几百年或更少。为数不多的例外之一便是中国南部和东南亚的水稻田。水稻田特别经受得起犁，但旱地耕作（小麦）却不是那么回事。后现代农学家一直在努力寻找一种既能使小麦那样的庄稼高产，又无需耕犁土壤，使之遭受风蚀和水蚀的新方法，这是一种无害耕作的方法。后现代

① Wendell Berry, *Gift of Good Land*, North Point Press, 1982, p. 280.
② 贺海峰：《专访三农问题专家张晓山：深层次矛盾尚未消除》，载《决策》2007 年 1 月号。

农业中的一个重要成分永续农业（Permaculture）就是这样一种尝试，澳大利亚农民发明的“牧场种植法”也是这种努力的一部分。这种方法不犁地，将小麦播进“在10%的时间里有100%的土壤覆盖”的长年牧场。牛羊是这种“牧场种植法”中一个不可或缺的部分，这种方法无需每年栽种就可以长年在作物上生产出粮食来。目前他们的尝试正取得进展。不过要彻底摆脱一万年之久的土地退化，这些只能算是后现代农业的初步开端。

而美国土地研究院院长韦斯·杰克逊（Wes Jackson）研发的多年生粮食作物，则可视为后现代农业具有远大前景的更为积极的创新。因为有了多年生作物，就不需要再翻耕土地，这是一种可以替代翻耕的“免耕”的农业方法。它明显可减缓甚至避免土地的退化。此外，将互益的多年生作物比邻种植，就可大大减少杀虫剂和除草剂的使用。其实中国传统农业在保持土壤生命活力方面已有很多宝贵的经验，如农民早就知道混种栽培的优势。这些都可以为后现代农业提供宝贵的资源。受杰克逊多年生作物的启发和影响，眼下中国一些地区也在研发多年生的水稻，这些都可以看作后现代农业的可贵努力。

普及彻底生物化的、太阳能化的农业方法也是后现代农业的重要组成部分。众所周知，现代农业醉心于大量投入石油制品，用以耕作、施肥、灌溉、收获、加工以及杀虫。所耗费的能源远远超过所生产出的能源，这显然是不可持续的。这不仅是因为世界廉价石油的供应正在迅速消失，而且生产和消费这些依赖石油的产品，会释放温室气体，引起迅速而危险的气候变化，更何况长期大量使用化肥、农药给土壤、水源、人体及周围环境带来巨大且深远的负面影响了。

而后现代农业所标举的农业方法是有机的，是以太阳能为基础的，其基础是通过光合作用将阳光的能转换成养料的能。这虽然很复杂，但世界各地成千上万农民的生物和有机方法的实践证明，这种方法是可能的。用于收割的燃料（生物燃料）可产自长年的作物。氮肥不一定非出自耗费大量矿物燃料的化肥厂不可。

氮其实是空气中含量最高的气体。根瘤菌在与许多类植物共生的过程中发展出这样一种能力，它可以把空气中的氮气转变为对植物有用的形式。应将更多的植物和动物与农业结成一体，以大大减少对矿物燃料和有毒杀虫剂的依赖。这样做虽然复杂却是可能的。

所以，后现代农业所追求的目标应包括：

每千克食物所燃烧矿物的最小量。

每千克食物所需的最小水量。

每千克食物所含的土壤中及农场中的最大生物多样性。

每千克食物所占的最小量的时间和裸露土壤的面积。

每千克食物所含的最小土壤流失量。①

现代农业的“绿色革命”是以每公顷土地生产最大量的粮食为基础的，但其代价却是投入和环境的损失。而后，现代农业的目标则是最小的投入和最小的环境损失。

所谓“尽量拓展并维护各种生态体系服务”，就是努力把农用地经营好，使之能产生广泛的生态体系的产品和服务。用作农业的山山水水，生产的不应只是食物和纤维（棉花、羊毛和木材），所有的农用地都可提供广泛的生态服务。任何地形（南极洲除外）都生产氧气并通过光合作用分离碳。除了最干燥的沙漠外，所有的地形都应生产清洁的水。它来自雨水，且又经过了土壤的加工，被储存在流动的小溪、湿地、湖泊和河流里。和谐的、功能完好的地形能够为当地的动物和植物提供大量不同的休养生息之地。

需要指出的是，生态体系服务也为再创造和维护文化遗产提供了机会。比方说，没有了桂林云雾缭绕的山水，中国的艺术和旅游业会是一番什么景象呢？没有那些种类繁多、妙不可言的微生物（真菌、细菌、水藻）以及肥沃土壤里的生物，牲口的粪便就不能腐化转变成植物的养料。没有由肥沃土壤提供的生态体系服务，水就不可能通过生物土壤孔和土壤裂缝注入大地，而更多的碳就会被排放到大气中，让目前已经令人担忧的温室效应变得更加糟糕。

不幸的是，农用地提供的很多生态体系服务长期以来被人们视为理所当然，并未得到应有的珍惜。现代经济倾向于只看重棉花、粮食和肉类这样一些简单的农业商品。只是在过去几年里，才出现了提供像碳分离这样长期的生态

---

① David Freudenburger，Dean Freudenburger：《后现代农业的原理》，载《山西农业大学学报（社会科学版）》2008 年第 5 期。

体系服务的新市场。光合作用是唯一被证明了的碳分离技术。“在澳大利亚和美国，现在政府终于向农民付钱，要求他们种树，而不是砍伐它们用作木材和柴火，而是让它们生长几个世纪，以减少大气中的碳浓度。政府现在付钱给哈德逊上游集水地的农民，让他们改进农业经营方法，以便为纽约提供更清洁的水。”①

政府现在付钱给哈奇逊上游的农民，让他们改进农业经营方法，以便为纽约提供更清洁的水。为此，后现代农学家建议中国政府“应该奖励农民，让他们去生产更广泛的生态商品和服务。这包括让清洁的水流入长江、黄河这样的大河。现代农地仅仅被当作工厂，千辛万苦做出来的也就是一些单调的产品。而后现代农地却可以被用来生产大量受全社会珍视的生态商品，提供宝贵的生态服务”②。

在这个意义上，后现代农业显然是一种环境友好型的农业。

2. 后现代农业的社会—经济原理

后现代农业的社会—经济原理主要有以下三条原则。

（1）教育和医疗服务

柯布多次指出，务农是很重要的职业，它需要最多的技能、高尚的品质。然而，在现代社会中，不仅务农低人一等，而且务农还不足以支持一家人过上舒适的生活。如果乡村生活会剥夺人们在城市生活中能享有的许多优势，如教育与医疗等，那么有志向的年轻人就会在可能的时候离开乡村。

这也就是为什么在过去的50年间，大量的美国和澳大利亚农民及其家庭迁居到城市去、成千上万的中国农民拥进城市里的重要原因。因为他们渴望子女获得好的教育和医疗服务。而这一切由于城乡之间的巨大差异与不平等，绝大多数的农村在教育与医疗服务方面都远逊于城市，特别是大城市。农村早就成为一个落后之地与贫穷之地的代名词，与城市人相比，农村人显然低人一

---

① 大卫·弗罗伊登博格：《走向后现代农业》，周邦宪译，载《马克思主义与现实》2008年第5期。

② 大卫·弗罗伊登博格：《走向后现代农业》，周邦宪译，载《马克思主义与现实》2008年第5期。

等，以至于为享受到良好的教育与医疗服务，人们不得不背井离乡，到城里打工谋生。可见，只要教育和医疗服务没有普惠到乡村，人们就会继续蜂拥进越来越庞大的城市里。而对于这个“移民”大潮，我们的现代教育也扮演了推波助澜的作用。

柯布认为，从西方的历史发展来看，几乎所有正规教育都发端于城市且旨在帮助人们做好过城市生活的准备，从农村进到城市往往代表着进步。今天，伴随西方现代性的风靡世界，包括中国在内的全球当代教育制度都旨在使学生准备好去城市工作，成为城市的领导力量，城市文明往往被看作先进文明的代名词。

然而，拥有众多农民的健康乡村才是国家粮食安全的支柱。相对于世界上许多国家与地区绝大多数人对如何务农几乎完全无知而言，中国这方面的人力资源依然丰富。因此，柯布希望中国政府能优先考虑改善乡村生活品质，不要诱导或强行让农民离开土地，希望中国的社会、经济、政治以及教育生活结构能够鼓励人们自愿选择务农，让全社会充分意识到务农不仅是所有职业中最重要的，而且也是一种需要最多技能以及高尚品质的个人道德的生活方式。

此外，面对未来，没有什么问题会比粮食安全更重要。粮食安全取决于技能娴熟的农民，他们需要接受教育以广泛理解世界所面临的问题以及这些问题所带来的挑战，并有能力应对形势的变化。在这一点上，乡村也发挥着不可替代的作用。柯布博士指出：“中国如何能在一个全球不安全的世界里实现粮食安全？有一点很清楚，即中国的粮食安全将会依赖于保留、发展其乡村。”[①]

因此，柯布博士说：“我倾向于认为，从今天以及可见的未来来看，对全体人类成员而言，农村生活的价值比城市生活更为重要。……村庄的繁盛有赖于很多因素，但其中之一就是：合宜的学校教育将视自身为面向乡村生活的，更加广阔的教育体系中的组成部分。”[②] 他进一步提出，“我们需要建立一个支持农村人民的教育体系。这将加强他们对土地的热爱，支持他们有道德意识地

---

① 小约翰·柯布：《中国如何确保可持续的粮食安全》，谢邦秀译，载《武汉理工大学学报（社会科学版）》2016 年第 3 期。

② 小约翰·柯布：《教育与学校教育》，宁娴译，载《世界文化论坛》2015 年第 9/10 期（总第 71 期）。

使用土地，并教给他们需要知道的东西，以尽可能地使他们获得丰收和食物”①。“我们需要一种充满‘赋予价值观’于教育之中的观点，一种能够激发农民对土地和生活在土地上的生物，以及依靠这片土地生活的人们的深切责任感。在这种情况下，农民将需要大量关于土壤、种子、化学肥料和气候的信息。但更重要的是，他们需要创造性和想象力。”②

可见后现代农业离不开一种全新的教育观念。通过这种教育，整个社会可改变对农业与农民的看法，并能创造条件帮助有志的年轻人去广阔天地大作为。这一点，也离不开日新月异的技术。如今天的高科技就完全可以为农村提供先进的教育与医疗服务。这方面澳大利亚的一些做法可资借鉴。利用互联网，澳大利亚率先开始对这块广漠大陆偏远地区居民提供“远程教育”服务。这使得年轻的农民可以从距离他最近的大学接受良好的教育。现在，互联网的威力已把世界大图书馆搬到了每个澳大利亚人的电脑屏幕上。这就要求给每个偏远的农家提供电力服务和卫星通信服务。澳大利亚政府在短短的 20 年完成了此事。由于低价电子通信的卓越发展，在一代人期间（25 年）可望普及高等教育。现在所需的只是一块太阳能发电板，一个小型的卫星接收器和一台便宜的电脑。在柯布看来，既然在 20 世纪 70 年代，澳大利亚能让每一个农村家庭拥有电话，那么以今日中国的现代化水平，完全可以在今后的十年内在每一个村子至少安装一个互联网上网处。这种在低能消耗电子通信方面的投资，无疑会极大地提升中国农村的生活品质。

澳大利亚的经验表明，高质量的电子通信带来的一个好处便是极大地改善了农村地区的医疗保健服务。今天，一个医疗保健工作者可用廉价的便携式设备进行 X 光检查。然后，用电子邮件将片子寄给城里的医学专家，几分钟后便可收到专家的诊断和药方。患者再也不用跋涉千里去看病了。

如果借助于高科技之力，把城市的好处带到农村去，人们在农村就能享受到良好的教育与医疗服务，同时还能享受到山清水秀的美景，又会有多少人执意离乡背井，龟缩在庞大水泥城市的小公寓里，过着朝九晚五的刻板生活，走

① John B. Cobb, “Exam, School, and Education,” China Lecture, October, 2018.
② John B. Cobb, “Exam, School, and Education,” China Lecture, October, 2018.

那条所谓的“现代化”之路呢？更何况由于减少了农村人口的进城，政府也不必花费巨资毁田建城，多了农田与森林，少了城市交通与能源的压力，这显然是个城乡共荣的双赢思路。

（2）农业的崇高地位和职业特性

受西方现代性的影响，与自然被等同于“落后”相联系，农民一直受到现代人的歧视。直到今日，“消灭传统农民”仍然是许多人津津乐道的口号。对农民的歧视不仅盘踞在许多人的思想深处，而且今天已经转化到语言上。“真农民”是现代都市小资们常说的一句嘲讽语，“农民”演变成形容词用重庆方言来说，就是三个字——“哈农民”，这里的“哈”同“傻”是一个意思。这里的农民并非单单指农民，而是作为“笨”“拙劣”“低级”等贬义词的代名词。

而在后现代农业视域下，农业是一个具有挑战性的职业，其复杂程度如同工程、医学和法律一样。但在传统社会，农业一直是穷人和没文化的人的职业。在柯布看来，地球上几十亿人要依赖农民的才干和艰苦劳作才能生活，而这一在任何社会都要算最重要的工作却是人们最不想干的、报酬最低的、最不受尊重的，这显然是不公正的、不道德的。因为如果没有农民的辛勤劳作，所有的现代经济在几周之内就会停止运行。美国开国元老杰斐逊曾写道：“农夫是最有价值的公民，他们最具生命力，最具独立自由的精神，最善良，他们与国家休戚相关，与国家的自由和利益永远相结合。”① 我们无须经常去见医生、律师或政府官员，却必须每天同农民打交道，因为我们一日需要三餐。为什么世界上如此重要的工作却偏偏被给予最少量的正规教育？为什么政府官员就需要大学教育，而人们却希望不识字、不能用电话、不能得到及时保健的农民把农业搞好？这显然是荒谬可笑的。因此，柯布强调指出，如果前现代农业依靠穷人干农业，现代农业不依靠人干农业，那么，后现代农业依靠的农民则应该是这样一种人：他们受到良好的教育，得到很好的保健，从事各种不同的工作，参加多样的休闲活动包括艺术活动。

总之，后现代农业格外尊重农民，倡导农业是一种高尚的职业，它是一种

---

① Anonymous, *American Agriculturist* Vol. 10, Nabu Press, 2011, p. 342.

农民尊重型的农业。

（3）分散化

柯布认为，多年以前，要更方便地获得社会和财政资本，就要求在集中化电力生产（用煤、气、核能和水力发电）与电子通信多方面进行巨大投资。此外，能源必须通过高压线和气管道远距离传送，而且这些传送工具都是由消耗矿物燃料的工厂生产的。时至今日，感谢现代的科学技术，我们再也不需要这种昂贵的“老式”发展方式了。因为已经有了更先进的方法，可以分散地、相对低廉地进行小型水力和风力发电了。以往，电是城市人享有的方便，农村居民是得不到的。城市的勃兴引起了通信、教育和医疗服务的迅速发展，甚至像废物处理这样的事也发达起来。其原因就是，现在人与人之间的相互联系更密切了。

在电话、电视和互联网发明之前，人际交流的速度很慢，相当于人走路去和对方对话，或走路去传递书信。现在的交流，瞬间可达万里。人们再也不必住在城里以便享有人际交往、商业往来和艺术交流的巨大方便了。生气勃勃的乡村社区享有大城市的多种便利，同时避免大城市的大多数不便，这一点正在逐渐成为现实。多年以来，人类总在修建越来越大、越来越多的城市，但现在已无此必要了，更何况这种发展方式带给环境的巨大压力，人类也越来越难以承受。一方山水养一方人，独特的地方文化，广阔的视野以及便捷的沟通，正在成为后现代新农村的一个显著特征。

3. 后现代农业的伦理学原则

除了利奥波德（Aldo Leopold）以外，从柏拉图到现代的西方哲学家大多是城市哲学家，很少有哲学思想是基于对乡村环境及其生态关系的深刻理解的。现代哲学专注于在城市环境里占主导地位的人与人之间的关系。在这个意义上，现代哲学是人类中心主义的。它遗忘了它的前现代的根——人与自然环境的关系。事实上，在城市出现之前，正是这种关系维系着所有的人。

作为对现代农业的超越，后现代农业有两条不同于现代农业的基本伦理原则：一是建立以生态为中心而非以自我为中心的共同体；二是将人与土地以及人与人之间健康友爱的关系视作可持续性农业和和谐社会的基础。

首先，现代全球经济是建立在“我——越多越好”的伦理观念之上的。现代经济以追求个人舒适为基础。自己的舒适比邻居的舒适更重要。这一追求导致了一种由消费者推动的经济，目的是要满足个人追求油腻、甜美且又便宜的食物的那种不可遏止的欲望。与此同时，人们追求奢侈品的欲望变得越来越强烈，越多越好几乎成为普世性的伦理准则。

而后现代农业的伦理基础则是建立在“我们——够则足”的基础上的。“集体的舒适以及邻居的渴望与个人的舒适和渴望是同样重要的。个人的安全，获取健康食物、清洁水、新鲜空气的机会是集体的责任，而不仅是个人的权利。”简言之，够则足矣，而不应是“越多越好”。这将要求醉心于“越多越好”的西方经济发生根本性的变化。将社区共同体的福祉与和谐仅置于与个人福祉同等的地位是不够的，还应扩大到将环境的福祉与和谐看得同个人的福祉一样重要。这些价值观虽然古代也有，但在柯布看来，今天却变得现实了。在20世纪50年代谁会想到中国能摆脱饥饿？人类历史上第一次有两三代上亿的人不知饥饿为何物。在人类普遍掌握矿物燃料以前，集体的福祉是不可能的，仅仅是乌托邦式的梦想。那时，唯有最强有力的人和最有权力的人才不会挨饿，唯有他们才不用每天搬运沉重的水。

现代“舒适”技术（包括农业在内）的发展远远超过西方的社会伦理学。生存（以力胜人、迅速致富）的伦理学仍旧流行于很多“现代”社会。但在一个后现代世界，个人生存的伦理应该被环境可持续性（大家共同生存）的伦理所取代。

其次，人与人之间以及人与土地之间良好关爱的关系是可持续性农业和和谐社会的基础。

柯布博士提出，良好的农业管理应建立在关爱的关系上。关心任何人、关心任何事，这是我们唯一切实的感恩方式。人生苦短，我们应对生命感恩。感恩的动机就是伦理行为的实质。良好的管理来自感恩的表现，这种感恩是通过对土地的认识并对它作出种种应答表现出来的。我们与土地的关系应以我们对生态的正确了解为基础。有关生态可持续性的伦理和科学必须体现为公正的道德概念，否则公正就是短命的。没有了公正，社区以及它所依赖的土地就会遭罪而且衰退。这一点，利奥波德已在他的《沙乡年鉴》（1966）中陈述过。他提出，一件事物只要能维持生物系统的完整性、稳定性，维持它的美，它就是正确的；反之，就是错误的。

一个和谐的社会不可能同时对土地采取粗暴的、不关爱的态度。强暴女性如成普遍现象，那一定是社会的功能失调。同样，乱砍滥伐、排干湿地，在肥沃的农田上修建城市，这些就是对土地的强暴。一个和谐社会的基础肯定包括自然环境。以生态为中心的伦理观应该是环境法律和法规的基础。这些法律和法规应同管理现代城市经济的法律、法规一样，完善且得到很好的实施。

4. 后现代农业的发展模式

根据柯布博士以上论述，我们可以将后现代农业概括为三种主要的发展模式，分别是有机精致农业发展模式、生态综合农业发展模式和休闲观光农业发展模式。

（1）有机精致农业发展模式

有机精致农业发展模式是一种不用或少用化肥农药等无机物，通过施加有机肥料改良土壤养分，运用天敌循环综合防治病虫害，调整作物轮作与间作改善耕种方法，促使农业生产科技化、农业结构纵深化、产品品质精致化、产品食用安全化的永续发展的技术型农业生产方式。

国际食品法典委员会在《有机食品生产、加工、标识及销售准则》中对有机农业的描述是：“有机农业是促进和加强农业生态系统的健康，包括生物多样性、生物循环和土壤生物活动的整体生产管理系统。”“有机农业生产系统基于明确和严格的生产标准，致力于实现具有社会、生态和经济持续性最佳化的农业生态系统。”“有机农业强调因地制宜，优先采用当地农业生产投入物，尽可能地使用农艺、生物和自然方法，避免使用合成肥料和农药。”精致农业则有助于农业生产与自然生态良性循环，加强了科技研究的开发与应用，为永续农业发展提供了技术支持。

由于疯牛病等食品安全问题，欧盟国家对有机精致农业尤为重视。2001年欧盟12国农业部长在丹麦哥本哈根召开“有机食品和有机农业伙伴行动”会议，制订了欧洲行动计划，签署了《哥本哈根宣言》。许多欧盟国家计划到2010年将有机精致农业面积发展到占农业总面积的10%—20%，所有欧盟国家都对启动有机精致农业予以补贴支持。

有机精致农业避免使用化学合成品，不采用电磁辐射等，从而最大限度地减少了化学污染和电磁污染，是一种比现代农业更为友好的发展模式。由于有机精致食品的安全性和优质性，消费需求不断扩大，进一步鼓励了有机精致农业的发展。国际粮农组织将有机精致农业看作提高食品安全和生物多样性、促进农业可持续发展的一条现实途径。以生态、环境有益技术为特征的有机精致农业成为永续农业的重要发展模式之一。

（2）生态综合农业发展模式

生态综合农业发展模式是一种按照“整体、协调、循环、再生”的原则，全面规划、综合开发，实现生态系统的能量多级利用，物质再生循环的永续发展的活力型农业生产方式。生态综合农业吸收传统农业精华，以永续发展为基本指导思想，以保护和改善农业生态环境为核心，通过人工设计生态工程，不断调整和优化农业生产结构与功能，实现农业经济系统、农村社会系统和自然生态系统的同步优化，促进生态保护和农业资源的永续利用。

如果说有机精致农业侧重于生产技术层面，那么生态综合农业则更多考量生态综合平衡，侧重于农业管理层面，是一种更具特色的发展模式。

生态综合农业运用两套管理模式协调农业生产和生态平衡。一是土地管理，在农业土地范围内把无耕作的小块土地作为野生物种生态环境，形成农耕土地和野生土地的综合平衡；二是资源管理，不但可以采取新方法减少农业污染，而且可以通过管理水土资源和自然植被提高农业生态环境，也可以通过改变农产品的配比和结构来模仿自然植被的结构和功能。

目前，现代农业对生态平衡的破坏已是不争的事实，生态综合农业发展模式建立在生态系统管理概念上，在促进农业发展的同时，可以协调保护生物的多样性，有效恢复和保持生态平衡，在永续农业发展模式中占有重要地位。

（3）休闲观光农业发展模式

休闲观光农业发展模式是一种紧密结合农业生产、生活和生态“三位一体”的舒适型农业生产经营生活方式。其充分利用农业经营活动、农村设施和空间、农业自然资源和人文资源，经过规划设计，形成一个具有田园之乐的休闲旅游园区，既发挥农业生产、休闲旅游和生态平衡的作用，又达到提高农民收益与促进农业繁荣的永续发展。

与前述两种分别侧重于技术层面和管理层面的模式显著不同，休闲观光农业已上升为一种惬意的生活方式，进入精神文化层面，是一种更显和谐的发展模式。在20世纪80年代，台湾果农为促销水果，创收盈利，采取一种利用当地水果产期的风景吸引外地消费者的观光果园形式，形成了观光农业的雏形。到20世纪90年代，随着永续发展理念的深入，以观光果园为主的观光农业经营形态逐步发展为内容更丰富的休闲农业，既具有农业生产本质，又具有利用农村自然景观、人文景观等休闲旅游资源的开发经营，成为十分典型的“生产、生活、生态”平衡协调的永续农业发展模式，并在台湾地区很快得到推广。目前，台湾每个县市都设有休闲农场，规模最大的花莲兆丰农场面积达726公顷。据称，休闲农场每年的旅游人次可高达100万人。

这种农业加旅游加生态的休闲观光农业，能产生巨大的整体效益，既增加了收入，又发展了社区，更美化了生活，陶冶了心灵，从而成为一种较为高级的永续农业发展模式。

5. 后现代农业的主要特征

（1）后现代农业是生态的

与现代农业的机械性思维不同，后现代农业是生态的，因为它视整个自然界为一个由无数相互联系、不断发展的生命网络系统构成的生态系统，视所有物种、所有生命都是有价值的，都值得关怀。后现代农业的发展模式也是生态的，因为它不仅将人类及其生活也包含在农业生态的循环之中，而且将农业生产结构与人类社会结构的相互作用也看作一个由各种具有相互内在有机联系的动态系统组成的复杂网络。它因此改变以往增加资本投入并大量使用化肥和农药增加粮食产量的做法，而致力于改善生物多样性，促进养分循环，协调作物、动植物、土壤和其他生物形成的相互作用，促进资源保护和再生。在这个意义上，生态农业就是一种有机农业。在有机农业的奠基人、英国的霍华德爵士（Sir Albert Howard）看来，生态农业或有机农业并不神秘，因为它仅仅是遵循大自然之道行事罢了。因为“大地母亲总是带着家畜耕作；她总是培育混合庄稼；以极大的辛劳保护土地以防止水土流失；腐烂的蔬菜和动物的粪便被转变成腐殖土；没有丁点浪费……”① 在这个意义上，“大自然是个超级农夫”②。

令柯布博士欣慰的是，在大力探索和发展后现代生态农业方面，中国已经有了很多可贵的探索，如中国南方创造的“猪—沼—果”生态农业模式，北方的“沼气池、猪舍、厕所、蔬菜栽培室”“四位一体”的生态模式，北京大兴“农产品加工、畜牧场、养鱼塘、大棚菜”多层次循环利用的“农场农林牧复合”生态模式等，都是生态农业在中国的创新形态。

(2) 后现代农业是可持续的

与竭泽而渔式的现代短视发展模式不同，后现代农业是可持续的，因为我们在“满足当代人的需要”的同时，还要对将来的时代负责，要考量将来时代的利益，努力争取不对后代人满足其需要的能力构成危害。这包含两个要点。第一，强调当代人在创造与追求今世发展与享受的同时，努力做到使自己的机会与后代人的机会平等，不允许当代人自私地剥夺了后代人享有的同等发展与享受的机会。当费孝通提出“我们的土地耕种了千年，没有遭到破坏。我们能不能再给子孙后代年这样的环境”问题时，他实际上就是在警告我们应该走一条后现代的可持续农业之路。第二，后现代农业推崇长远的综合考量，主张在提高农业效益的基础上，将政治效益、经济效益、社会效益、文化效益和生态效益加以通盘考虑，拥有一种“综合性的视野”，从而使地区的、国家的、全球的以及当代的和后代的综合效益得到完美体现。

在后现代农学家看来，今天人类提出的“可持续发展”概念在大自然眼里，并非什么新鲜的东西，因为人们习惯于一年一计划的短视思维，而大自然一向是考虑“永续的”。在这个意义上，大自然是人类的老师。秉承向自然学习的精神，以威斯·杰克逊为领军人物的美国土地研究所的后现代农学家们，这些年一直致力于探索通过“直接驯化野生的多年生植物”和“远缘交”来

① 王治河、樊美筠：《第二次启蒙》，北京：北京大学出版社，2011 年，第 57 页。

② Wes Jackson, “Ethics and Economy: Human Values and the Future of Agriculture,” (Unpub), 1089, p. 20.

创造出多年生的农作物，从而实现农业的可持续化。

（3）后现代农业是再生的

与现代农业醉心于大量投入不可再生的石油制品并用以耕作、施肥、灌溉、收获、加工以及杀虫相反，后现代农业是再生的，它自觉利用大自然内在的自我治疗和恢复能力，使农业自然资源不断再生利用，以保护土地、作物和人类环境的健康发展。这包括以下四点内容：①尊重土地的潜力；②意识到裸露土壤是对地球的犯罪；③普及彻底生物化的、太阳能化的农业方法；④拓展并维护各种生态体系服务。

（4）后现代农业是和谐的

与现代农业迷恋“竞争”相反，后现代农业服膺“道利万物而不争”，致力于在农村生活中构建人与自然之间的和谐、人与人之间的和谐。它既包括农村社区中人与人之间的友爱互助，也包括人对土地和大自然的关爱。自然的形象将不再是一个有待挖掘的资源库，也不是一个避之不及的荒原，而是一个有待照料、关心、收获和爱护的大花园。反过来，大自然也保护我们，它是所有生命的衣食父母，滋养我们的身体，安顿我们的精神。此外，后现代农业强调人与自然、人与人的和谐，强调彼此之间的良性互动与相互滋养。如果人与自然的关系产生了不和谐，那么一定是人与人的和谐出了问题；反之亦然。

（5）后现代农业是多元的

与现代农业漠视多样性，追求“规模化的单一种养”相反，后现代农业珍惜生物的多样性，欣赏农耕方式、种养方式和发展模式的多元化。在这个意义上，后现代农业是一种多元农业。

有鉴于西方工业革命以来，生物多样性正以前所未有的速度丧失，后现代农业格外“钟情生物多样性”。因为我们之所以能获得这么丰富的食品，“生物多样性起了根本性的作用”。所谓生物多样性包括物种多样性、遗传多样性和生态系统的多样性三个层次。物种和遗产多样性为农业提供了适应变化和维持生产的能力，生态系统多样性为农业提供了可持续发展的条件。“基因的多样性是世界农业生产实现可持续性稳定发展的基本要素。植物基因的多样性不仅是生产出更多可食用的农作物的关键，而且是生产出更富有营养的食物的关键。”生物多样性的丧失将极大地降低农业的自我稳定性，使人类社会“在自然灾害如干旱和病虫害面前变得脆弱不堪”。19 世纪中叶，爱尔兰土豆就因单种栽培遭受持续若干年的真菌感染而崩溃，导致大范围的饥荒、混乱和大规模的移民浪潮。

与现代农业迷恋“规模化的单一种养”相反，本着因地制宜原则的后现代农业欣赏多元化的农耕方式和种养方式。它将传统农业中许多优秀的有机农耕方式和理念吸纳进来，诸如土地连种、轮作复种、间作套种的用地制度和生物养地的理念。家畜、真菌和微生物分解的分子物质被转化成土地的营养成分，蚂蚁和其他的昆虫控制着害虫的数量，蜜蜂、蝴蝶、鸟类为果树授粉，沼泽和湿地净化污染物，森林抑制洪水，减少冲蚀。

多元农村的另一个重要内涵就是避免雷同，鼓励探索不同的发展道路，欣赏不同的发展模式。按有的学者的理解，就是在发展农村经济，提高当地人民群众的民生福利水平、幸福感以及对其赖以生存的土地的文化认同感和归属感方面，存在着多条道路和多种发展模式，需要我们发扬勇于探索的精神，寻找到适合本地条件的“适宜道路”。因此，因地制宜，发展各式各样的“特色农业”便成为“多元农业”的题内应有之义。而“一村一品、一村一貌”的“特色农村”反过来也装点了农村的多元之美。

（6）后现代农业以“共同福祉”为旨归

与现代农业“利润第一”“致富挂帅”不同，后现代农业更关注土地的健康和人的幸福。它将人类和所有生命的“共同福祉”作为农业发展的首要考量，将人类与自然的和谐共荣、社会经济系统与自然生态系统的和谐共荣作为农业发展的根本内容。在《为了共同的福祉》一书中，后现代生态经济学家达利和柯布对现代经济的“崇拜”和“发展癖”产生了质疑。针对有人对后现代的误解，柯布在后来的书中特别强调后现代拒斥基于经济主义的经济增长并不意味着我们不寻求经济增长，“而是要表明，我们应该寻求的是那种大写的增长，即人民福利之实际的改善”。他明确将农民的福利、乡村社区的繁荣以及人类赖以生存的生态共同体的健康作为优先考虑的目标。因为在他看来，仅仅将集体的福祉置于与个人福祉同等的地位还不够，还应进一步扩大到将环境的福祉看得同个人的福祉一样重要。因为人的一切都与自然密切相关，自然万物的幸福也有助于人本身的幸福。因此“共同福祉”至关重要。

从后现代的角度看，现代农业最大的败笔之一是对农村健康社区的摧毁。在美国，表现为农村社区的消失；在中国，“农村空心化”现象就是一个最重要的表征。所谓农村社区就是由与自己有紧密关系的人构成的社会生活共同体，它包括亲人之间的关系和邻里之间的关系。受现代个人主义的影响，现代农业视这些关系和联系为一种束缚，是“落后的”标志，因此必欲摧之而后快。后现代则强调联系和关系，因此它珍惜共同体。在柯布看来，正是关系造就了我们，“个人是由关系构成的”视个体的发展有赖于共同体的繁荣，“他人的健康恰恰有助于自我的健康”，“那些在损害其共同体利益条件下获得财富的人不可能有真正的幸福”。因为我们个人的幸福与共同体中他人的幸福是密切联系在一起的。一个健康的社区一定是一个既增进个体的幸福又增进群体和生态体系福祉的共同体。

后现代的农业社区虽然要解决贫苦问题、医疗保险问题，但这不是它的最终目标，它的最终目标是建立一个富有“创造性的、爱心的、平等的、尊重多样性的、精神富足的”有机和谐的共同体。这才是真正健康繁荣的社区。在这样一个社区里人们才能得以安居乐业。

而这样一个社区反过来将唤醒人的生态良知，培育人的生态情怀、生态责任以及对环境的忠诚，从而保持人与自然之间关系的良性互动，达到人与自然的真正和谐。

（7）后现代农业以小为美

如果说现代农业“以大为美”，钟爱“大农场”，迷信“越大越好”的话，那么后现代农业就是“以小为美”，钟情小农场。正是从“以小为美”出发，后现代农业提出“超越大农场”。与此同时，便是“欣赏”家庭农耕和小型农场的“社会和农业价值”，给予地方社区、一家一户和普通人认真仔细的关注。

“小”在尚大的现代社会往往意味着“无足轻重”和“无关紧要”。一部西方现代农业发迹史，就是一部大农场蚕食小农场的血泪史。在小农场日益消失的同时，则是商业农场的面积与日俱增。这些变化，与其归咎于科技大势所趋，不如说是刻意的计划。透过相应的政府政策，美国农业部传达给农民的信息是“扩大或改行”。尼克松政府的农业部部长蔼尔·埠兹宣称农业“现在已是大事业”，而家庭农场“就如现代的企业经营一样……必须适应，否则就是出局”。

而在后现代思想家看来，这些所谓“小事物”才是最应该引起重视的重要事物，是它们使生活富有意义，使国家繁荣、民族富强。因为国家是由一个个小的地方共同体组成的，如果地方共同体不繁荣，国家也不可能繁荣，所以，后现代农业一反现代农业对“小型农场”或家庭农场的厌恶，而推崇农民细心经营土地的耕作模式。尽管小型农场也并非十全十美，但它可以赋权给农民，使农民自己有权力决定种什么、怎么种，而不必完全听命大公司的摆布。此外，它可以通过自给自足来确保粮食安全，并帮助我们摆脱对石油的依赖。

由于小型农场和地区经济是紧密联系在一起的，所以后现代农业对地方经济持一种非常积极的支持态度。它因此也鼓励消费者“买离你家最近的地方生产的食物”，“如果可能直接从附近农民手里买东西”。甚至如果有条件，每个人都应该参与食物生产。如果你有个院子，甚或阳台上有一个花盆，请在里面种点什么能吃的东西。这是他们对人们的劝告。

在农业生产中，后现代农业所追求的目标是以小为好，因此它要求人类所留下的生态足迹越小越好。这是否意味着中国农民要回到传统的农业社会，回到小国寡民的状态，只能远远地看着城里人过着舒服的现代生活呢？答案是否定的。这通常是对后现代农业最典型的“误读”。首先，后现代农业虽然钟情小型农场，但并不绝对排斥大农场，它主张因地制宜。其次，后现代农业并不一概反对使用现代科技手段发展农业，它所强调的是科技在农业中的运用应以不违反土地的自然力为原则。最后，也是更为重要的是，农民也有权过现代生活。

后现代农业欣赏的“小”，也是一种自然之美与乡村之美。现代农业虽然创造了巨大物质财富，但它却是以破坏自然之美和乡村之美为代价的。由于现代性对自然的帝国主义态度，以及现代农业“逐利最大化”的生产方式，丰富多彩的大自然、美丽的农村被简单地等同于一个等待被开采的资源库，“它不过是为人类的社会生产提供原料，其价值就是原料在市场中的价格。例如，森林的价值就是它作为死木头在市场中出售的价格，而它的生态价值、物种价值、观赏和美学等价值则统统消失了”。正是这种极端功利主义的态度导致了现代人精神空虚、灵性匮乏，除了钱以外几乎一无所有。在后现代思想家看来，现代人的这种“贫困”在很大程度上是由于“失去了与自然进行原始接触的能力”，也就是失去了人的审美能力，这是人性的一个巨大损失。

因此，不仅许多后现代哲学家和艺术家如海德格尔和华兹华斯等大声呼唤现代人走向日月山川，而且世界各国政府也日益注意到美在环境保护中的价值，以至于1969年12月美国国会通过《环境政策法》中明确将“审美愉悦”写入其中。许多人也坦承他们之所以坚持不懈地投身环保就是被大自然的美所驱动的。这意味着，大自然不只是我们的衣食父母，而且对于培养我们的审美心胸，对于培养我们的高尚情怀，对于我们健康人格的形成，它都具有一种不可替代的珍贵价值。大自然和农村赏心悦目的景色，的确可以舒缓我们的困顿，燃起我们生活的激情，激发我们的道德感。这或许可以部分解释城里人因何愿意往乡村跑，现代人因何如此着迷旅游。

现代农业对乡村之美的另一点破坏是它对“齐一化”的迷恋和对差异之美、多样之美的打压。正如生态学家柏励指出的那样：“当代工业的主要邪恶之一，是它建立在统一的和标准的加工过程之上。这在农业商业中尤其具有破坏性，因为它要求产品相同而自然憎恶相同，自然不仅创造物种多样性，而且也创造个体的多样性。自然产生个体。没有两天是一样的，没有两片雪花是一样的，没有两朵花、两棵树是一样的；或者其他无数的生命形式，都是不一样的。由于单种栽培和标准化破坏了宇宙和地球的两个约定，我们需要在机械世界之上培育一种新的有机世界的观念。”与此相应，它的审美也需要转变为对差异、多元、和谐的欣赏。

而后现代农业对美的欣赏，不仅可以极大提高农村人的自豪感，提升农民的生活品质，使他们发自内心地愿意安居乐业，而且将会成为城市人的旅游大本营和审美教育基地。城市孩子的许多课程可以搬到田间地头来，许多公司可以逃离钢筋水泥的办公大楼而搬到风景秀丽的农村办公，是越来越多不愿做房奴的城里人的选择。这样的话，困扰我们多年的城乡界限将变得不再那么分明，城乡共生共荣将成为现实。

总之，后现代生态农业倡导一种环境友好型、资源节约型、农民尊重型、社区繁荣型与审美欣赏型的农业，是一种城乡共荣、造福人类子孙后代的永续农业。实现了这一点，也就实现了生态文明，生态文明建设应该始于乡村。

第五章　后现代生态文明教育观

作为怀特海哲学的第三代传人，柯布博士非常重视教育。他认为，“如果我们对教育的理解更广一些的话，那么，教育就是人类生活中极为重要的部分。”[①] “教育是极其重要的。一个新生儿显然需要学习如何适应自己所来到这个世界，无论是自然世界还是社会世界。婴儿必须学会如何避免身体受到伤害，以及被他人理解。从长远来看，他或她还必须学会如何以令人认可的和有所回报的方式为社会做出应有的贡献。所有这一切都不仅需要社会化的训练，还需要指导性的帮助。父母通常会是第一任老师，然后是包括宠物在内的其他家庭成员。”[②] 因此，教育是人类生活中必不可少的部分。

然而，在柯布博士看来，现代教育尽管成就非凡，但它却是立足现代思维之上，是为资本主义制度服务、为现代工业文明服务的。他指出，“目前，美国采取的是帝国主义政策而且引领着新自由主义的经济全球化，我们的大学对此给予了大力的支持。批评性的异议被边缘化。大学如今成了支配国家政治、经济生活的金融—军事—工业—政府—大学综合体的一部分”[③]。因此，我们的教育制度完全符合资本主义的要求。资本家的假定是：“如果我们让每个人都完全随心所欲地追求经济增长，那结果一定是好的。而支持这一观点的高等

---

① 小约翰·柯布：《为什么需要学校?》，樊美筠译，载《深圳大学学报（人文社会科学版）》2014 年第 4 期。

② 小约翰·柯布：《教育与学校教育》，宁娴译，载《世界文化论坛》2015 年第 9/10 期（总第 71 期）。

③ 小约翰·柯布：《现代大学道德教育的缺席及出路》，谢邦秀译，载《世界文化论坛》2010 年第 12 月号（总第 43 期）。

教育体系就是理想的。”①

正是在这个意义上，柯布痛心地说：“我们的社会正在走入迷途，而学校显然也参与其中。”② 柯布认为，“现代西方大学的知识结构是灾难性的”③。大学教授们“对将世界引向灾难而不是从灾难中引开贡献更大”④。在2018年10月的中国行中，在各种场合的演讲中，柯布博士多次指出：“目前世界最负盛名的各所大学、它们的教学内容，以及它们对价值中立的强调都与生态文明的推进背道而驰。”⑤ 柯布博士毕业于芝加哥大学，那时的芝加哥大学“反对大学被学科中心所占领”。但今天，柯布尖锐地指出：**“芝加哥大学如今也堕落了，像其他美国大学一样，已经成为侧重于价值中立的研究型大学。我把这看作是一种糟糕的教育形式。我担心，而且我感觉到，世界各国都在模仿美国的这样一种价值中立的教育体系，其中包括中国。”**⑥ 据此，柯布也对中国教育中盲目模仿美国的现象提出了批评。在柯布看来，“中国目前的学校体系更多的是反映着西方学校的历史，而不是中国自己教育的历史”⑦。

总之，发端于西方的现代教育模式在本质上是服务于现代工业文明与资本主义的。柯布博士严肃地追问到：一个旨在服务于现代工业文明的教育体系如何能够培养出未来生态文明所需要的人才呢？因此，要建设生态文明，教育的改革势在必行。这正如柯布的学生马尔库塞·福特教授（Marcus Ford）所指出的那样：“对于今天的全球危机特别是生态危机，现代大学负有不可推卸的责任。”⑧ 他认为：“现代大学并不是我们今天所需要的。换句

---

① John B. Cobb, “Exam, School, and Education,” China Lecture, October, 2018.

② 小约翰·柯布：《为什么需要学校?》，樊美筠译，载《深圳大学学报（人文社会科学版）》2014年第4期。

③ John B. Cobb, “Exam, School, and Education,” China Lecture, October, 2018.

④ 樊美筠、李玲：《美国大学的反智主义与建设新型大学的愿景——对话美国人文与科学院院士小约翰·柯布》，载《世界教育信息》2018年第14期（总第446期）。

⑤ John B. Cobb, “Exam, School, and Education,” China Lecture, October, 2018.

⑥ 小约翰·柯布：《社会巨变与我的生态转变》，载《国际社会科学杂志》（中文版）2020年第2期。

⑦ 小约翰·柯布：《为什么需要学校?》，樊美筠译，载《深圳大学学报（人文社会科学版）》2014年第4期。

⑧ 陈静、杨丽、樊美筠：《探索“建设性后现代大学”——对话〈超越现代大学——走向建设性后现代大学〉作者马尔库塞·福特》，载《世界教育信息》2018年第5期（总第437期）。

话说，现代大学已经过时了，时代需要一种新型大学。”[①] 即需要一种服务于生态文明的教育，服务于生态文明的大学。

第一节　教育的“现有之义”

柯布博士对现代教育的反思与批判是全面的与深刻的。这里面不仅有基于他自己在芝加哥大学学习时所获得的印象深刻的亲身体验，更有作为一个过程哲学家对现代教育的历史与哲学的反思。他认为，现代教育成为如今表面光鲜实际千疮百孔的模样，在根源上是与17世纪后一路高歌猛进的机械主义哲学分不开的。按照他的分析，“现代研究型大学在根子上是笛卡尔式的”，也是机械思维的产物。[②]

所谓机械思维，是建立在牛顿力学基础之上的一种哲学思维，它把宇宙以及世间万物都看作机器。不仅太阳系是由齿轮和滑轮组成的“一架机器”，原子、分子、山丘、河流、植物、动物是机器，人也是机器。这种机械思维有两个特点，一是否认事物本身具有任何内在的价值，它们的价值是人从外面赋予的；二是否认事物之间存在任何内在的联系，它们所有的只是外在的联系，事物与事物之间只存在外在的机械关系。

正是在这种机械哲学的影响下，教育变成离土教育、无根教育和碎化教育。离土教育重城市轻乡村、重经济轻人文，从而导致农村共同体的消失、人与土地、人与自然的脱节；无根教育重学校轻生活、重现代轻传统，使教育失去生活之根、传统之根与价值之根；碎化教育重专业轻综合、重知识轻智慧、重研究轻反思，从而导致教育本末倒置，因小失大，“捡了芝麻，丢了西瓜”。

因此，柯布博士最终指出：由于现代教育是根据机械思维设计出来的，它

---

① 陈静、杨丽、樊美筠：《探索“建设性后现代大学”——对话〈超越现代大学——走向建设性后现代大学〉作者马尔库塞·福特》，载《世界教育信息》2018年第5期（总第437期）。

② 樊美筠、李玲：《美国大学的反智主义与建设新型大学的愿景——对话美国人文与科学院院士小约翰·柯布》，载《世界教育信息》2018年第14期（总第446期）。

本质上是为现代工业文明服务的，即“为全球资本主义和新自由主义做准备”[1]，为城市、为市场、为研究服务的，“而非为生态文明或社会主义社会做准备”[2]，因此它是一种资本主义的教育体系。

现代教育是一种重城市轻乡村的离土教育

柯布博士认为，现代教育是重城市而轻乡村的。他指出：读写的世界往往是向城市而非向乡村开放。现代学校教育模式，完全旨在为城市生活做准备。“教育是让人们为城市生活和工作做好准备。学校对农业不感兴趣。如果一个农村孩子碰巧受过教育，人们就会认为他/她要在城里找工作。”[3] “当学生能够考入通常位于城市的高级学校时，这些年幼孩童的老师会感到非常欣喜。他们也并不期望这些孩子在学成之后返回农村工作。”[4]

如果一个人一直留在乡下，这意味着不仅其学业表现不够优异，而且也是一种没出息的表现。个体的社会成就极大程度上以其在学业上能走多远来衡量。一直当个农民意味着，你在学术竞争与社会竞争中是个失败者。这些都表明，现代教育是以城市为中心的，这种重城市轻乡村的特质，我们不妨将它称为“离土教育”。教育蜕化为农民逃离乡村的一个手段，并为城市服务。它明显造成以下严重的后果：

第一，教育对农村与农业不感兴趣。

柯布博士指出：“今天，也许最为重要的专业化知识是，在日益严重的全球生态危机的背景下，如何生产出充足的、足够喂养所有人的健康食物。”[5] 然而，今天的教育志却并不在此。因为它在根本上就“不是为改善农民的境

---

① 小约翰·柯布：《中国如何确保可持续的粮食安全》，谢邦秀译，载《武汉理工大学学报（社会科学版）》2016 年第 3 期。

② 小约翰·柯布：《中国如何确保可持续的粮食安全》，谢邦秀译，载《武汉理工大学学报（社会科学版）》2016 年第 3 期。

③ John B. Cobb, “Exam, School, and Education,” China Lecture, October, 2018.

④ 小约翰·柯布：《教育与学校教育》，宁娴译，载《世界文化论坛》2015 年第 9/10 期（总第 71 期）。

⑤ 小约翰·柯布：《教育与学校教育》，宁娴译，载《世界文化论坛》2015 年第 9/10 期（总第 71 期）。

况服务的"①，"并没有传达农民的智慧或者颂扬农民对土地和气候的理解"②。相反，它使学生认为真正有价值的知识是与城市生活有关的知识。相应地，实践的智慧与农业的知识通通被降低到"不值一提的地步"。唯一受到追捧的是书本知识、标准化知识和国际知识。正是在这里，教育切断了人与土地、人与自然、人与地方的内在联系。

正因如此，柯布认为，在生态文明的建设中，现代教育明显严重滞后，使现有的农民完全无法应对生态危机所带来的巨大挑战：如何在更少的土地上种出更多的粮食以养活日益增长的地球人口，农业生产如何应对水资源日益减少的挑战，等等。

第二，农村共同体的消失。

在这种离土教育的视域下，"地方"，脚下的这块"热土"是不重要的，它们仅仅作为跳板时才有意义。这直接导致了农村共同体的消失。柯布指出："美国的乡村文明已经消失，它在几十年前就被毁灭了。"③ 这也部分解释了美国农业人口从 1870 年的 52%、1910 年的 32%，锐减到 1990 年的 2% 这一事实。据温德尔·贝瑞的考察，至 1934 年，全美尚有大约 680 万个家庭农场，而到了 1975 年，数字已骤减到 60%。在今天的美国，传统意义上的"农民"以及家庭农场已经几乎消失殆尽，代之而起的是"农业工人"，是依靠大型农业机械、依靠化肥与农药、单一种植的现代工业化农业。

这样一种视乡村为"失败之地""绝望之地"的观念，按柯什曼的说法，当时弥漫在整个美国文化中，以至于"现代文学中的主人公无不是勇敢地逃离生他养他的热土，去投奔一片新的热望之地——城市"的英雄。1985 年，美国当代著名诗人、作家比尔·霍姆在其《音乐的失败》一书中写道："在我 15 岁的时候，我就可以很快界定何谓失败了：那就是老死在明尼苏达的明尼

---

① 小约翰·柯布：《历史性的一步——评中国的生态文明建设》，柯进华译，见任平主编《当代中国马克思主义哲学研究》第 1 辑（总第 2 辑），北京：中央编译出版社，2013 年。

② 小约翰·柯布：《历史性的一步——评中国的生态文明建设》，柯进华译，见任平主编《当代中国马克思主义哲学研究》第 1 辑（总第 2 辑），北京：中央编译出版社，2013 年。

③ 小约翰·柯布：《中国的独特机会：直接进入生态文明》，王伟译，载《江苏社会科学》2015 年第 1 期。

奥达。"①

明尼奥达正是霍姆的农村老家。在那个时代，作为一个青年人，如果你不能逃离"不幸"生长于其中的农村，那么你就是典型的失败者。

在西方如此，在中国也如是。因为在柯布看来，"今天中国的教育也是现代性的产物。这种教育的结果就是导致中国的农民和他们的子女想抛弃他们的田园并移居城市。现代教育在世界所有地方都有这种影响"②。

现实也确实如此。随着现代教育在20世纪的中国高歌猛进，通过各种途径（如高考等）"跳出农门"，离开乡村成为城里人，被视为成功的标志，乡村则成为贫穷、落后与失败的象征。其中一个显著的结果就是，仅仅在过去的10年间，我国的自然村就由360万个锐减到只剩270万个。这意味着，每一天中国都有80个到100个村庄消失。在这个过程中，许多农民已经变得不爱土地，甚至恨上了土地，因为被绑在土地上是一种没出息的耻辱。这使得"离开农村"成为农村里共同的价值观，不管离开后干什么，总之留下来就是一种耻辱。"抛弃农村，是必须的选择"否则就会被视为"人口废品"。有学者对云南某地居民的调查表明：本地的居民一贯认为从乡下到城里，从小城市到大城市，就是有本事。谁能够从乡镇调到县城就是很有面子和本事的事，如果能到市里面就更强了。能够调动到省里面，就是"本事能耐超凡"，能够进京城的话，简直就是家乡人心中的偶像了。当然，把人硬性捆绑在农村是不人道的，但把人连根拔起，忽悠到城市去是否就人道?

总之，柯布认为，"长久以来，乡村生活的价值一直被学校教育所贬低"③。这实际上是人类中心主义在教育领域中的一个具体体现，直接加剧了人与自然的矛盾，对生态危机的发生负有不可推卸的责任。

第三，经济主义的盛行。

首先，在现代工业文明中，经济主义一直受到追捧，几乎主宰着我们的生

---

① Bill Holm, *The Music of Failure*, Plains Press, 1985, p. 56.

② 小约翰·柯布：《历史性的一步——评中国的生态文明建设》，柯进华译，见任平主编《当代中国马克思主义哲学研究》第1辑（总第2辑），北京：中央编译出版社，2013年。

③ 小约翰·柯布：《教育与学校教育》，宁娴译，载《世界文化论坛》2015年第9/10期（总第71期）。

活。按照柯布的分析，现代教育对乡村生活价值的贬低，对城市的重视，一个重要原因就在于经济上的诱惑。因为较之于务农，在城里打工更有利可图，这是由资本主义经济制度所决定的。这个制度需要更多的廉价劳动力，以保障它赖以存活的竞争机制。用被评为百位人类有史以来的生态英雄斯普瑞特奈克的话说，就是现代教育是为争得（稀缺的）都市现代工作岗位做准备的，其目的是“为全球经济提供更多有竞争力的工人”。[①] 柯布指出：经济因素成为现代学校的主要考量。从学生的立场出发，学校声称其在学生身上所付出的精力将有助于他们的就业前景。从社会的立场出发，学校认为自己为其提供了职业素养良好的劳动力。

其次，学校的任务就是提供信息和教授技巧。让人们为了未来从事研究工作做准备，这一独特的聚焦点决定了学校以何种形态提供大部分的信息。其结果就是“高等教育以学科形式组织，中学教育则被认为是为高等教育做准备”[②]。

在这个过程中，道德教育和品格培养在学校失去了立足之地，因为学校奉行了“价值中立”的原则。在柯布看来，事实上，学校教育所传递的信息就是，价值不存在客观性。每个人追求自己的利益，而社会从人与人的利益竞争中获益。“除了竞争之外，他们实际上教得最好的就是：服从权威以及长期从事枯燥的工作的意愿。”[③] 在这里，教育的目的已经失去了其价值导向，它的目标不再是培养地方共同体的领袖，以引领社会的进步，而是将“经济人”的培养放到了首位，将人贬低为经济的工具，将自身等同于职业培训，它承诺所获文凭会给学生带来一份“不错的工作和钱途”。在这里，教育显然只为市场服务，它“除了能让毕业生找到更好的工作外，没能在其他方面使学生受益”[④]。正是在这里，教育成为一种个人主义的教育。

---

① 斯普瑞特奈克：《真实之复兴：极度现代的世界中的身体、自然和地方》，张妮妮译，北京：中央编译出版社，2001 年，第 144—145 页。

② 小约翰·柯布：《教育与学校教育》，宁娴译，载《世界文化论坛》2015 年第 9/10 期（总第 71 期）。

③ 小约翰·柯布：《教育与学校教育》，宁娴译，载《世界文化论坛》2015 年第 9/10 期（总第 71 期）。

④ John B. Cobb, “Exam, School, and Education,” China Lecture, October, 2018.

与此相联系，教育遂成为一种学历与文凭教育，“在美国，大学毕业生的平均收入远高于没有上过大学的高中毕业生。因此，学历似乎很值钱，人们会牺牲很多来得到它。学费和为获得学位的其他支出都在急剧上升，这导致许多学生在大学毕业时负债累累”①。一些毕业生甚至因为无力偿还助学贷款不得不逃离美国，远走遥远偏僻的他乡。

然而，这还不是最糟糕的情况。在柯布看来，更糟糕的是，社会并不能够为所有的大学毕业生提供足够的高薪工作，这向学生及他们的家庭提出一个问题：学生借钱获得学位是合理的吗？“随着上大学越来越普遍，越来越多的毕业生发现，他们原本可以不用上大学就能找到工作。然而现在，他们面临的困难是用微薄的收入偿还巨额债务。……即使是博士生，现在也经常被迫去做与他们学习无关的工作。”② 既然事与愿违，柯布博士问道：数百万的学生还会坚持多久，愿意借很多钱去获得一个可能对他们没有任何经济好处的学位？过度的教育是否有必要？在学校待的时间越长越好吗？

正是在这里，我们可以看到现代教育是如何为现代工业文明服务、为全球经济服务的。在柯布看来，教育实际上沦为了经济的奴仆，成为经济主义的牺牲品。

现代教育是一种重现代轻传统的无根教育

现代教育不仅是一种重城市轻乡村的离土教育，更是一种重现代轻传统的无根教育。所谓“无根的教育”不仅是指与自然的脱节、与土地的脱节，更是指通过将教育窄化成学校教育，窄化成知识的传授，而与传统脱节、与历史脱节、与丰富多彩的生活脱节、与价值观脱节。具体说来，这种重现代轻传统的无根教育有以下几个表现：

第一，重学校轻生活，使教育失去了生活之根。

当教育被窄化成学校教育时，那就意味着孩子们只能在学校获得教育，而完全无视在人类漫长的历史中，在相当长的时间内，“人类都以非学校化的方

---

① John B. Cobb, “Exam, School, and Education,” China Lecture, October, 2018.

② John B. Cobb, “Exam, School, and Education,” China Lecture, October, 2018.

式学习的”①。教育至关重要，然而学校教育并不是必需的。一个新生儿显然需要学习如何适应自己所来到的这个世界，她/他“不仅需要社会化的训练，而且还需要指导性的帮助。父母通常会是第一任老师，然后是包括宠物在内的其他家庭成员”②。那时，更多的是家庭教育与社区教育，即生活教育，而非学校教育。“个体几乎不必向家庭成员以外的其他人学习。降生于农牧家庭或者手工艺家庭中的个体，跟随父母的足迹即可。当然，社区活动也会有所帮助。”③

然而，进入现代社会之后，学校教育的地位日益被高估，甚至被提到了宪法的高度，未成年人不上学是犯法的。许多国家的宪法都如此规定。在美国，拥有自己的文化与传统的阿米什人就与学校教育的强势发生过严重冲突。阿米什人只让子女接受8年（6—14岁）的基础教育，他们认为到这个阶段的基本知识就足够应付阿米什人的生活方式了。八年级结束以后，他们会教男孩木匠的技艺或农艺，女孩从12岁开始学习料理家务。相比学校教育而言，阿米什人更重视家庭教育与社区教育。然而，随着美国义务教育法的执行日益严格。1972年，三个阿米什家庭因拒绝送14岁与15岁的孩子上高中而被威斯康星州政府起诉，好在最终美国联邦最高法院判决阿米什人胜诉，即依据抚养权和宗教自由的宪法条款，迫使阿米什人进入高中不符合宪法。最后的结果是政府教育当局允许阿米什人以自己的方式教育孩子。某些州的法律禁止低于某个年龄段的孩子辍学，即使孩子已经初中毕业。变通的做法是，让孩子不断地重读八年级，直到可以合法离校的年龄。因此，阿米什人几乎没几个人上高中，读大学的就更罕见。

过程哲学的当代奠基人怀特海说，教育只有一个主题，那就是五彩缤纷的生活。而现代教育却反其道而行之，将生活隔绝在学校的高墙之外，现代教育的课程设置就如克尔凯郭尔在批评黑格尔时所指出的那样：黑格尔体系包罗万

① 小约翰·柯布：《教育与学校教育》，宁娴译，载《世界文化论坛》2015年第9/10期（总第71期）。

② 小约翰·柯布：《教育与学校教育》，宁娴译，载《世界文化论坛》2015年第9/10期（总第71期）。

③ 小约翰·柯布：《教育与学校教育》，宁娴译，载《世界文化论坛》2015年第9/10期（总第71期）。

象，洋洋千万言，“但唯独没有涉及如何生活的问题”。我们有的是堆积如山的抽象知识，但活生生的具体经验，真正的问题，我们生于斯长于斯的热土和地方共同体却在这种知识体系之外。显然，教育失去了其生活、生命之根。其结果必然是使学生与生活日益疏离化，他们虽然掌握了关于地球、太阳系乃至银河系的知识，却始终“看不到日落的光辉”，体味不到生命的辉煌。虽然书本知识不少，却在社会中手足无措，遇到大事更是呆若木鸡。“一个仅由信息装备起来的人是世界上最无用的。”（A merely well-informed man is the most useless bore on God's earth.）①

重学校轻生活带来的另一个恶果就是人们普遍认为学校就是传授知识的场合，特别是在高等教育中，更是造成过度重视研究的负面倾向。在《为什么需要学校》一文中柯布详细地分析了学校是如何沦落到今日如此荒唐可笑的地步的。他认为，人类社会确实需要研究型人才，但并不需要所有的学生都成为研究人员，也不需要由此来衡量所有学生。因此，学生没必要都去弄个研究生学位，博士学位也不应成为能够在大学（特别是博雅学院）教书的通行证。因为博雅学院或文理学院的毕业生应该是社区共同体的领袖，即那些设立道德与趣味标准的人。他们中只有极少数成为专业的研究人员。获得博士学位只是表明有做研究的能力，并不代表有教学的能力。柯布博士说，因为有研究能力才能去大学教书，是学校自我解构的第一步。

在现代高等教育中，越来越多的优秀学生被鼓励学习专业学科以备日后攻读研究生。学校教育在培养学生的专业化和研究方面做得越来越多，在帮助学生准备生活与培养社会领袖方面却做得越来越少。柯布博士认为，这其实也是对有限资源的无谓浪费。因为毕竟并不需要所有的学生日后都成为研究人员。最后，问题并不在于简单地浪费所涉及的资源。这种教育体制本身是破坏性的。获得去最好的大学学习的机会充满着激烈的竞争。学校里所教的就是竞争，其所争的就是对大多数人来说没有价值的目标。在这种竞争中，绝大多数人都不能梦想成真，他们不只是学会竞争，而且也意识到他们自己就是失败者。这种失败感、沮丧感可能伴随着他们一生，甚至会毁灭他们的生活。

---

① Alfred North Whitehead, *The Aims of Education*, The Free Press, 1967, p. 1,

第二，重现代轻传统，使教育失去了历史文化之根。

无根教育的另一特质就是对于文化传统的忽视。

文明、文化是在历史中形成的，一种文明或文化既不会一开始就如此，也不会永远如此。从这个角度来反思教育，就可清楚地发现，学校的出现也是历史的，它并非从来就有，也不会永远不变。这意味着教育离不开传统，离不开历史。然而在现代教育中，虽然有历史学科，但并没有得到足够的重视。虽然有古典传统，其重要性却日益降低。结果便是教育失去了其价值导向，迷失了其基本目标。在美国，柯布指出，其表现之一就是“学科课程取代了‘博雅教育’”。他说：“博雅教育的历史渊源可以追溯到古希腊时期，它也是中世纪所有教育的根源，包括巴黎、博洛尼亚、牛津和剑桥等大学。在美国，大多数学院被称为博雅学院或文理学院的高校孕育着所处文化背景中有教养的人应该懂得的东西。”[①] 它关注的重心是使学生成为全面发展的人，传承文化并与他人交流，从而为整个社会服务。然而，现代西方的高等教育忽视了对学生精神价值的培养，对传统的认同，对自然的敬畏，从而在西方社会造就了一代无根之人，使学生的内在生命“大为缩减了”。

再以中国现代教育为例。随着20世纪初西方文化进入中国，中国掀起了一场声势浩大的贬低甚至消灭传统的文化运动，整个中国传统文化均被视为落后过时的封建糟粕而被抛弃。与此相应的，就是中国教育对西方现代教育模式的复制，忽视了对学生精神价值的培养，使其对自己的传统文化几乎一无所知，培养出“断根”的几代人。

这种现象的另一个表现则是现代教育中日益严峻的“人文学科失宠”“人文学科危机”。据美国东北大学历史学助理教授本杰明·施密特在《大西洋月刊》上发文分析，1955年至今，人文学科经历了三个阶段。1955年到1985年是第一个阶段，“随着美国各地的师范学校转型为综合性大学，大批学生都涌向了英语和历史学专业。20世纪70年代，美国经济的萎靡放缓了高等教育的发展，人文学科也面临萧条”[②]。

---

① John B. Cobb, “Exam, School, and Education,” China Lecture, October, 2018.

② 《在技术统治的世界，人文学科正面临衰亡吗?》，新京报书评周刊（来自豆瓣），2019年4月24日，https://www.douban.com/note/715630842/。

第二个阶段是1985—2008年，“英语、哲学、历史学和语言学等四大人文学科在这个时期平稳发展。而第三个阶段就是从2008年至今，人文专业的入学率面临断崖式滑坡”[①]。人文科学的滑铁卢式的境遇不仅在美国各大学处处可见，而且正在漫延成“一个全球性问题，事实上英国的高校也在削减人文学科的经费，甚至有大学关闭了哲学系，就在今年，加拿大的高校也取消了20多个人文学科的项目”[②]。

第三，重现代轻传统，使教育失去了价值之根。

柯布在许多演讲与著述中都对现代西方教育中的“价值中立”现象给予尖锐的抨击，认为这是现代教育中一个最坏的方面。他指出：“在美国，我们有一个十分庞大的研究型大学体系。它们意欲保持价值中立。据说这是为了防止他们所从事的研究和所交流的信息被研究人员和教师的宗教、政治或道德观扭曲。”[③] 这里“学校教育所传递的信息就是，价值不存在客观性”[④]。尽管现代西方研究型大学标榜其“价值中立”，而实际上“价值中立”是做不到的。所谓“价值中立”在柯布看来其实就是“逃避批判性思想”[⑤]。柯布将之称为美国研究型大学中的“反智主义”。他说：“美国大学的组织方式并不鼓励智性的活动。其结果就是许多智性的活动被拒绝了。”[⑥]

而这一切的发生正是轻视传统的结果，因为优秀的传统恰恰表明了社会与文化的价值导向。大学也是如此。柯布博士说，在历史上，“学院与大学是很保守的机构。在现代性开始后，大学承继着其中世纪传统，并持续作为智性活动的中心而存在。即使在一百年以前，美国高中以后的教育一般形象是博雅学

---

① 《在技术统治的世界，人文学科正面临衰亡吗?》，新京报书评周刊（来自豆瓣），2019年4月24日。https：//www. douban. com/note/715630842/。

② 《人文科学遭遇全球危机》，载《时代周报》2017年8月4日，http：//renxueyanjiu. com/index. php？ m = content&c = index&a = show&catid = 26&id = 1240。

③ 小约翰·柯布：《现代大学道德教育的缺席及出路》，谢邦秀译，载《世界文化论坛》2010年12月号（总第43期）。

④ 小约翰·柯布：《教育与学校教育》，宁娴译，载《世界文化论坛》2015年第9/10期（总第71期）。

⑤ 樊美筠、李玲：《美国大学的反智主义与建设新型大学的愿景——对话美国人文与科学院院士小约翰·柯布》，载《世界教育信息》2018年第14期（总第446期）。

⑥ 樊美筠、李玲：《美国大学的反智主义与建设新型大学的愿景——对话美国人文与科学院院士小约翰·柯布》，载《世界教育信息》2018年第14期（总第446期）。

院。通常说来，这些学院旨在学生的文化发展，并期待他们能够在社会中成为更好的领袖”[①]。也就是说，教育从一开始就是一种价值教育。然而，当世界上第一所现代大学——德国的柏林大学出现时，“它离博雅教育以及其他类型的职业教育的形式越来越远”[②]，亦即它离自身的传统越来越远。大学的任务开始转向“支持对新知识的追求，它的目标是倡导研究”[③]。为了实现这一目标，大学开始设置和界定学科。它们宣称：学术之所以可信就在于它只追求自身的目的，而不是努力支持一个确定了的信念或承诺，或倾向。它们强调，“学者们应该自由地检验数据，尽可能地做到客观”[④]。至于为什么研究某些课题而不是另外一些课题？这些价值的考量以及智性的反思，则并非大学学术学科的目标。因此，学科课程将自己描述为“价值中立”，由这些学科组成的大学也以“价值中立的研究型大学”为荣。他们认为，不仅应该防止“价值观”扭曲研究，而且认为事实与价值无涉，因此学术研究应该只关注事实。

在这样一种观念的引导下，每个学科都忙于给自己的学科划界，同时努力扩展自己学科的知识结构。其结果就是，每门学科都仅仅重视自身信息量的增长，但并不把这看作一个涉及价值的问题。“研究就是研究，学科就是为研究而设计的。”[⑤]

柯布在这里为我们揭示了现代研究型大学中普遍存在的“价值中立”现象。同时，柯布的分析表明，在现实中，对价值的回避并未导致价值中立。由于一所价值中立的大学不鼓励学生拥有任何其他的价值，它就唤起学生对自身经济利益的追求，从而成为经济主义的牺牲品。再者，“由于大学不能以其固有的重要性来指导研究，其所研究的问题在很大程度上取决于那些提供研究经

---

① 樊美筠、李玲：《美国大学的反智主义与建设新型大学的愿景——对话美国人文与科学院院士小约翰·柯布》，载《世界教育信息》2018年第14期（总第446期）。

② 小约翰·柯布：《为什么需要学校?》，樊美筠译，载《深圳大学学报（人文社会科学版）》2014年第4期。

③ 小约翰·柯布：《为什么需要学校?》，樊美筠译，载《深圳大学学报（人文社会科学版）》2014年第4期。

④ 樊美筠、李玲：《美国大学的反智主义与建设新型大学的愿景——对话美国人文与科学院院士小约翰·柯布》，载《世界教育信息》2018年第14期（总第446期）。

⑤ John B. Cobb, “Exam, School, and Education,” China Lecture, October, 2018.

费的人的利益兴趣”①。因此，“我们价值中立的大学除了金钱之外并没有引导学生去思考什么是可取的，这对人们在道德上、智力上和待人接物上变得更好没起到什么好的作用。这些大学除了讨论研究和财富之外，不在意还有其他的目标可以服务于社会”②。在柯布看来，如果将一切价值观都排除掉了，“那么最后剩下的被默认的价值就只有金钱了”③。

柯布并不否认在现实生活中在大学任职的许多教授有着自己的价值观与道德担当，也不否认大学及其学科无偏见地追求各种先进的知识是一个值得追求的理想。但他认为在资本主义社会现实的压迫下，大学实际上在很大程度上伤害了这个理想。因为研究需要时间，有时它需要很昂贵的设备；研究者常常需要支付报酬给对研究有贡献的人员。所有这些都价格不菲，但大学的预算是有限的。因此，在现实中，研究的极大部分受制于资助者的指令，或者至少有赖于找到资金。“事实上，大学的预算常常依赖于那些外在的投资者提供的资金。这些出资方当然不是价值中立的。对医学研究来说，是不缺资金的，治病与延长生命的价值就隐藏于这些资金身后，它背后显然也有某些特别企业的利益。”④ 大学为企业服务则更使大学的“价值中立”原则成为一个笑话。“只是因为大学价值中立，所以他们就不加判断地服务于各种各样的利益。保持价值中立的大学将他们的服务卖给出价最高的买主。”⑤

不仅在研究方面难以真正实现“价值中立”原则，就是在大学的工作培训方面也难以做到这一点。柯布指出：“由于大学是价值中立的，所以它并不追问它为学生们作职业准备的工作的价值何在。它当然不会追问社会健康的问

① 小约翰·柯布：《现代大学道德教育的缺席及出路》，谢邦秀译，载《世界文化论坛》2010年12月号（总第43期）。

② John B. Cobb, “Exam, School, and Education,” China Lecture, October, 2018.

③ John B. Cobb, Jr., “Western Civilization, Chinese Civilization and Ecological Civilization,” Conference Paper for 5th Nishan Forum, September, 2018.

④ John B. Cobb, Jr., “The Anti-Intellectualism of the American University,” Soundings: An Interdisciplinary Journal, Vol. 98, No. 2, 2015, p. 218 – 232.

⑤ 樊美筠、李玲：《美国大学的反智主义与建设新型大学的愿景——对话美国人文与科学院院士小约翰·柯布》，载《世界教育信息》2018年第14期（总第446期）。

题，为什么雇人进入一些行业，而不是另外一些行业。”①

这也是为什么柯布多次强调目前研究型大学的活动只是一种学术活动，而非“智性的”活动的原因②，**因为它在根本上缺乏价值的导向。**

在这里，离土教育也好，无根教育也好，“价值中立”也好，实际上都是一种教育的“乌托邦”。所谓“乌托邦”，按照大卫·奥尔（David Orr）的阐释，其字面意思是“不存在”或“无处托身”。美国学者戈叶在《无根、无休止的美国》一文中尖锐指出，无根问题是今日美国教育中的核心问题，“因为离开历史，离开牢固的教育根基，丝毫也不奇怪，我们成为不知道我们要去何处的人，因为我们不知道自己从哪里来”。这种无根的教育，不仅削弱了“对地区周边联系、文化模式和生态系统的敏感性”，而且直接导致了我们与过去的决裂，与过去生命感的决裂，与周围共同体的疏离，与大自然的隔绝，与真实生活的疏离，使学生“缺少重视生命相互关联性的道德发展和精神发展”③。由此造成的真空导致经济主义与个人主义乘虚而入，致使大量“精致的利己主义者”产生，并导致“小的社区共同体的毁灭和社会生态的退化”。④

现代教育是一种重专业轻综合的碎化教育

柯布认为：“大学正在变成由各种互不相关的知识碎片所构成的场所。”⑤用斯普瑞特奈克的描述就是：“现代生活被分割成分离的部分……高等教育也被细致地划分成孤立的学科。”⑥ 现代研究型大学成了学科的集合。“学科”的概念是建立在“本学科的信息本身是相对独立于其他学科的信息”这一假定

① 樊美筠、李玲：《美国大学的反智主义与建设新型大学的愿景——对话美国人文与科学院院士小约翰·柯布》，载《世界教育信息》2018 年第 14 期（总第 446 期）。

② 樊美筠、李玲：《美国大学的反智主义与建设新型大学的愿景——对话美国人文与科学院院士小约翰·柯布》，载《世界教育信息》2018 年第 14 期（总第 446 期）。

③ Chet Bowers, “Ideology, Educational Computing, and the Moral Poverty of the Information Age,” Australian Educational Computing, 7 (1992), 14 – 21.

④ David W. Orr, *Ecological Literacy: Education and the Transition to a Postmodern World*, Albany: State University of New York Press, 1992, p. 131.

⑤ 小约翰·柯布：《为什么选择怀特海?》，见王治河、霍桂恒、任平主编：《中国过程研究》（第二辑），北京：中国社会科学出版社，2004 年，第 223 页。

⑥ 斯普瑞特奈克：《真实之复兴：极度现代的世界中的身体、自然和地方》，张妮妮译，北京：中央编译出版社，2001 年，第 50 页。

基础上的。将这一假定落实到高等教育领域，就是大学为每个学科设立了一个独立的院系。来自每一学科的知识都是一块分离的碎片，也就是所谓的“学科”。从柏林大学开始，这种重专业轻综合的“学科崇拜”就逐渐主导了高等教育，它导致各个专业以及由此形成的各个学科过度条块分割，使现代教育最终成为一种“碎化教育”。

美国研究型大学的学科设置通常包括42个学科，尽管每个学科都宣称自己的重要性，但人们普遍认为自然科学和社会科学比人文科学更重要，而STEM学科——科学、技术、工程和数学更是居于这些学科金字塔的顶端，被认为“比其他学科更重要”。[①]

在这42个学科中，每个学科都有自己确定的研究范围和领域，每个学科都具有一个与其他学科有明确区别的研究主题，每一学科还要求有自己特有的方法论，所开创和使用的方法致力于推进该领域的知识。这就必然要求在学科之间划出界线，导致学科之间壁垒森严。在这样一个体制内，思想与智性活动的空间受到极度压缩。[②]

柯布曾以美国大学中的哲学系为例，指出“今天的哲学系更像大学里的其他系一样。他们认为哲学应该像其他学科一样，成为一个专业学科。因此，它要求哲学拥有能将它与其他学科区别出来的主题，以及一个与之相适应的方法论”[③]。

在这个过程中，哲学已远离了它“爱智”的初衷。

在柯布看来，这种“学科课程的教育有着完全不同的目的。它们的设计初衷并不是为了造福学生，而是为了让他们了解过去的研究成果，并教会他们如何做自己的研究”[④]。这些研究被认为应不受人为目标、宗教或政治所扭曲。这导致了学科课程将自己描述为“价值中立”，所有的研究都不应与价值有所

---

① 杰伊·迈克丹尼尔：《超越四十二个学科——关于跨学科问题的思考》，载《光明日报》2013年10月15日第11版。

② 杰伊·迈克丹尼尔：《超越四十二个学科——关于跨学科问题的思考》，载《光明日报》2013年10月15日第11版。

③ 樊美筠、李玲：《美国大学的反智主义与建设新型大学的愿景——对话美国人文与科学院院士小约翰·柯布》，载《世界教育信息》2018年第14期（总第446期）。

④ John B. Cobb, “Exam, School, and Education,” China Lecture, October, 2018.

纠缠。这也是为什么现代研究型大学都避免讨论大学“应该是关于什么”问题的原因。

其结果就是现代的教育否认知识之间的内在联系，不再把人类的知识看作一个有机的整体。它天真地以为，知识犹如一块块砖块，只要把有关专家从各个学科和领域运来的知识砖块堆积起来，知识大厦就建成了。

柯布对这种现象深恶痛绝，认为这种碎化教育作为一种“偏见”不仅正在毁灭我们的教育，而且正在毁灭我们的世界。他的原话是：“现代西方大学的知识结构是灾难性的。”① 它“正将我们的世界引向灾难”。②

其实，早在20世纪上半叶，怀特海就已意识到过分的专业化带来的危害。怀特海虽然肯定适当的分科和专业化是必要的，但在他看来，过分的专业化特别是对科学知识与人文知识对立的坚执，是人类社会的主要悲剧，对社会的未来将造成严重伤害。③

确实，对于当前弥漫全球的生态危机、社会危机和信仰危机，“碎化教育”无疑是难辞其咎的。在它的领地，不仅知识之间不再具有内在的关联，而且知识与生活也都各自画地为牢，甚至影响到了学生的身心发展。这再次表明，“对于今天的全球危机特别是生态危机，现代大学负有不可推卸的责任”④。

尤为重要的是，对于积极应对生态危机所带来的严峻挑战，这种碎化教育几乎无能为力。因为根据罗马俱乐部的研究，我们人类今天所面对的众多问题其内在都有一定的关联性，每一个问题都不可能单独得到解决。在这方面，由各门学科所分别培养出来的专家，面对这些攸关人类生死存亡的重大问题时可能都束手无策，一脸茫然。不仅无能，而且有时由于他/她的“专业知识”反

---

① 樊美筠、李玲：《美国大学的反智主义与建设新型大学的愿景——对话美国人文与科学院院士小约翰·柯布》，载《世界教育信息》2018年第14期（总第446期）。

② 樊美筠、李玲：《美国大学的反智主义与建设新型大学的愿景——对话美国人文与科学院院士小约翰·柯布》，载《世界教育信息》2018年第14期（总第446期）。

③ Meijun Fan, “The Idea of Integrated Education: From the Point of View of Whitehead’s Philosophy of Education,” http://www.edpsycinteractive.org/CGIE/fan.pdf.

④ 陈静、杨丽、樊美筠：《探索“建设性后现代大学”——对话〈超越现代大学——走向建设性后现代大学〉作者马尔库塞·福特》，载《世界教育信息》2018年第5期（总第437期）。

而更增加了问题的严重性。这就是为什么在当代西方社会充斥着对所谓专家的怀疑之风。极端者甚至认为“所有专家都是对付大众的同谋”①。柯布指出：“今天研究型大学完全不能自吹它们是在帮助学生们成熟，发展其文化理解，或者帮助学生们以后成为其社区中的领袖。它们只是帮助学生在一些研究分支上成为有技能的专家而已。”②

“一个真正受过教育的人不能只拥有零散的过去和现在的专业知识。一个人应试图将他在生物学中所学的与他在历史中所学的知识联系起来。一个人也应把自己的外语知识与更广泛的文化问题联系起来，并且把这一切与受物理学影响的世界观联系起来。显然，这不是一个即使有博士学位的学者都能完成的任务，这也可能是每一个人一辈子都无法完成的任务。但在整个求学过程中，强调关系的重要性是必要的。世上没有任何事实是简单孤立的。所有的事实都是相互联系的，这有助于一种整体视野的形成。”③ 而这恰恰是“碎化教育”的短板，是“碎化教育”所无能为力的。

总之，通过上述多方面对现代教育的深刻分析和批判，柯布得出的结论是：现代教育与生态文明的建设是背道而驰的。要真正建设生态文明，教育必须改革，必须将教育由服务于工业文明转型为服务于生态文明，将教育由服务于资本主义转型为服务于社会主义，否则，生态文明的建设极可能沦于水中花、镜中月。

第二节　教育的“应有之义”

柯布的学生马尔库塞·福特教授指出：“总的来说这种建立在现代世界观基础上的大学其消极影响大于积极影响。……每所大学的存在必须有属于它们的时代背景和历史使命。在这一点上，现代大学并不是我们今天所需要的。换

① Bernard Shaw, “The Doctor's Dilemma,” *The Journal of Value Inquiry* 2, 2001, p. 227 - 245.

② 樊美筠、李玲：《美国大学的反智主义与建设新型大学的愿景——对话美国人文与科学院院士小约翰·柯布》，载《世界教育信息》2018 年第 14 期（总第 446 期）。

③ John B. Cobb, “Exam, School, and Education,” China Lecture, October, 2018.

句话说，现代大学已经过时了，时代需要一种新型大学。”① 对此，柯布博士深以为然。他认为，学校并非从来就有，其实几百年前，地球上的大多数人没有学校也过得挺好。也就是说，学校并不是人类生活中不可缺少的环节。与学校相比，教育则是人类生活中不可缺少的环节。在历史上，不同文化、不同民族、不同时代，其教育的宗旨与目标也有所不同。因此，教育并非亘古不变，它需要与时俱进。既然现代教育是为工业文明服务的，它的“产品”是“经济人”，那么，一种为了未来的生态文明教育模式应该是什么样的呢？

在柯布博士看来，生态文明教育应该是一种植根于一方水土、造福地方共同体、为生态文明服务的教育。中国学者王治河和樊美筠据此将之概括为“热土教育”、“有根教育”和“整合教育”。

教育应该是一种热土教育

与作为离土教育的现代教育相对，热土教育就是热爱土地、热爱乡村、热爱地方、热爱自然的教育。它不是重城市轻乡村的教育，而是将乡村生活与乡村知识作为教育的重中之重。柯布说，“我倾向于认为，从今天以及可见的未来来看，对全体人类成员而言，农村生活的价值比城市生活更为重要。……村庄的繁盛有赖于很多因素，但其中之一就是，合宜的学校教育将视自身为面向乡村生活的，更加广阔的教育体系中的组成部分。”②

为什么？这是因为世界目前在农业生产方面面临着诸多非常严峻的问题，如水土流失、对化肥与农药的过度依赖、土壤重金属含量超标、干旱以及气候变化等，都使得生产更多的粮食以养活全球日益增加的人口，变得越来越困难。面对上述种种挑战，现代这种重城市轻乡村的教育显然是捉襟见肘甚至是无能为力的。显然，我们需要一种新的教育。

因此，柯布指出：“对于下一代和可预见的未来来说，农业将是最重要的

① 陈静、杨丽、樊美筠：《探索“建设性后现代大学”——对话〈超越现代大学——走向建设性后现代大学〉作者马尔库塞·福特》，载《世界教育信息》2018 年第 5 期（总第 437 期）。

② 小约翰·柯布：《教育与学校教育》，宁娴译，载《世界文化论坛》2015 年第 9/10 期（总第 71 期）。

职业，将是最困难的职业。”[1] 因为它需要非常多的信息和技能的支持。“需要大量关于土壤、种子、化学肥料和气候的信息。但更重要的是，他们需要创造性和想象力。”[2]

而现代教育由于重城市轻乡村，片面地鼓励农民的孩子为城市生活做准备，明显与这一社会的巨大需求背道而驰。因此，教育必须要改革，柯布博士说：“我们需要建立一个支持农村人民的教育体系。这将加强他们对土地的热爱，支持他们有道德意识地使用土地，并教给他们需要知道的东西，以尽可能地使他们获得丰收和食物。”[3] 而这一切并不是通过对目前的学科进行微调就可以做到的。在他看来，增加与农业有关的学科并不能解决实质的问题。我们需要一种价值负荷的教育观，一种能够激发农民热爱土地和生活在土地上的生物的教育观，一种热爱农民、敬畏粮食的教育观。

与此同时，与现代教育鼓励学生逃离乡村、为他们以后的城市生活做准备相反，生态文明教育却鼓励重建乡村共同体，因为“农民们需要学会一起共同合作，互相学习什么实验起作用，如何起作用，为什么起作用。在应对巨大挑战时，他们需要一种强烈的团结意识”[4]。而这种挑战也是现代教育所无法积极回应的，因为后者在学校中所鼓励的是个人主义的竞争。在柯布看来，这样一种青睐竞争的个人主义教育“对拯救世界作用不大”。[5]

总之，生态文明教育要鼓励的不是让学生逃离乡村，而是热爱乡村；要摒弃的是所谓城市人对农村以及对农民高人一等的傲慢态度，代之而起的是尊重、平等的态度；要倡导的是人与土地和谐共生的生活方式；要让所有人意识到，有机农耕是世界上最高尚、最有前途的职业。

教育应该是一种有根教育

生态文明教育应是一种有根教育，即将教育与土地、地方、生活以及传统

---

① John B. Cobb, “Exam, School, and Education,” China Lecture, October, 2018.
② John B. Cobb, “Exam, School, and Education,” China Lecture, October, 2018.
③ John B. Cobb, “Exam, School, and Education,” China Lecture, October, 2018.
④ John B. Cobb, “Exam, School, and Education,” China Lecture, October, 2018.
⑤ John B. Cobb, “Exam, School, and Education,” China Lecture, October, 2018.

联系起来，使教育真正成为一种价值教育。在柯布心目中，美国文化的批评者、著名农耕诗人温德尔·贝瑞是个生态英雄。贝瑞认为，不管真的还是假的，不适合地方的、不属于地方的、不能促进地方真正繁荣的，“就是错的”。[①]

因为作为一种热土教育，离不开具体的一方水土。而每个地方，每方水土都有自己的传统与文化，因此教育必须有其传统之根，不能抛弃传统而凭空构成。在生态危机、经济危机、社会危机和信仰危机日益加剧的今天，人们越发感到传统智慧的弥足珍贵。从中国“敬天惜物，乐道尚和”的生态智慧和生存智慧，到道家的“天人合一”和孔子的“仁者爱人”；从“在明明德”的“大学之道”，到“一粥一饭当思来之不易”的朱子治家格言，无不应成为教育的经典。这样，我们也就会理解为什么世界比较教育学会会长克莱因·索迪安教授在题为《教育及其道德责任：和而不同的世界》的讲演中号召教育工作者充分领悟“教育”的全部含义，充分尊重“传统教育观”的缘由了。因为它们是先民智慧的结晶，是一个民族的魂魄所系，是文明大树之根，也是教育之根。

如果说现代离土教育与无根教育，摧毁了人类对一个更大秩序的归属感，是一种个人主义的教育，那么，热土教育和有根教育则要恢复这种归属感，使学生意识到自己是“社区中的人”，即“共同体中的个体”，而并非一个由皮肤包裹起来脱离世界的自我，其存在应包括与他人及自然世界的关系。自己仅仅是自然生态系统中一个有机组成部分，我们的存在有赖于该系统的存在，从而养成一种善待、尊重、敬畏自然的心态。因此，有根的教育鼓励学生走向日月山川，亲近大自然。用陶行知的话说，就是鼓励学生去“接触大自然的花草、树木、青山、绿水、日月、星辰”，“自由地对宇宙发问，与万物为友”。具有讽刺意味的是，现代教育虽热衷于让学生学习自然科学，却对自然本身“兴趣寥寥”。学生们专注于分析物体的构成要素，却对活生生的植物、动物、星、云、天气，乃至整个自然世界“缺乏真实的感受和经验”，更无力感受和欣赏它们的美好。这不能不说是现代教育的失败。

---

① Bob Wells, “Our Daily Bread: A Theology and Practice of Sustainable Living,” http://www.faithandleadership.com/programs/spe/articles/200712/2.html.

不仅传统是教育之根，生活更是教育之根。与“断根”的现代教育将千姿百态的生活隔绝在学校的高墙之外不同，生态文明教育则要重建教育与生活的联系，将“五彩缤纷的生活”作为教育的主题。具体说来，就是教育不仅局限于校园，仅在学校中进行，而且更要在家庭中、自然中以及社会中进行，教育无处不在、无时不在。学生不仅在学校中学习，还可以向职业学校的教师学习，向商人、园丁或退休的裁缝学习，向有打铁知识的人学习，向会做被子的人学习，向会做番茄酱的人学习……不仅教师，而且家长、亲朋、社会各色人等，甚至儿童与动物都可成为老师。[①]

在柯布看来，教育的主题不能只从书本上来，更要从当地来，从生活中来，并服务于本土，为本土的发展与进步做出贡献。这种立足本土的有根教育，将有助于学生发现最真实的问题，获得最真实的认识，找到最切实可行的解决办法。在此过程中，不仅社区共同体的品质得到提升，学生所学知识也有了用武之地，自身也获得了成就感，避免了沦为空洞派。美国中部的一所中学对学校附近的一条小河的治理，就体现了柯布的这种教育理念。这条小河缺乏植被，河堤遭到侵蚀，河水遭到污染。在过去的 15 年中，该校的学生们持续不断地引导当地居民提高环保意识，并与当地政府和居民一道，栽培植被，改善水质，保护野生动物，极大地改善了该河流的生态环境。在这个过程中，学生们不仅找到了发挥知识的渠道，而且心灵也得到了净化，创新意识得以涌现。正如李培根院士所指出的那样：“一个人对环境的认识越深刻，他（或她）改善环境的欲望通常就越强，创新的可能性也更大。一个人的存在环境视野越广，其做出的创新成果的意义也可能越大。”[②]

因此，美国生态女性主义思想家斯普瑞特奈克在她的《真实之复兴：极度现代的世界中的身体、自然和地方》一书中强调：教育“应该增强而不是割裂那种儿童感觉到了但又没有说出来的与世界的联系感”。[③] 生态学者托马

① Scott Carlson, “Oberlin, Ohio: Laboratory for a New Way of Life,” *Chronicle of Higher Education*, November 6, 2011.

② 凤翔：《高等教育如何真正做到“以人为本”——访中国工程院院士、华中科技大学校长李培根》，载《理论视野》2011 年第 4 期。

③ 斯普瑞特奈克：《真实之复兴：极度现代的世界中的身体、自然和地方》，张妮妮译，北京：中央编译出版社，2001 年，第 143 页。

斯·柏励也强调，我们需要一种新的教育体系，这种教育体系教儿童宇宙的故事，并让儿童从他们自己的直接经历中学习“自然的书”。他在《伟大的事业：人类未来之路》一书中指出：“让孩子只生活在与水泥、钢铁、电线、车轮、机器、计算机和塑料的联系之中，而几乎不让他们体验任何原初现实，甚至不教他们抬头观看夜晚的星星，这就是一种使他们丧失最深层人生体验的灵魂剥夺。”①总之，如同土养根，根养树一样，离开自然之根，人会变得窄小、贫薄和猥琐，最后踏上萎谢的不归路。只有根系自然，才会产生“根深叶茂”的风景。教育也不例外。

教育应该是一种整合教育

与沉湎分门别类的碎化教育不同，生态文明教育应是一种“整合教育”。具体地讲，整合教育主要包含下列二层含义：

一是视知识为一个有机的整体，反对学科之间画地为牢，反对学校与现实的脱节、知识与实践的分离，强调打破学科之间的森严壁垒，大力发展跨学科研究和交叉学科研究，从而鼓励学生发展一种整合性的视野，以应对整个世界面对的各种急需解决的重大问题。

以此为出发点，整合教育强调科学教育、技术教育和人文教育这三种主要教育形式之间的内在联系，认为它们三者是相辅相成、缺一不可的。在怀特海那里，科学教育是训练观察自然的艺术，侧重于逻辑思维（用脑）；技术教育是训练生产物质产品的艺术，侧重于知识的运用（动手）；人文教育则是通过语言、文学、历史、哲学等课程的学习，学会观察社会，进而学会生活的艺术。这三种本来是密不可分、相互联系、相互支持的教育形式，却被现代碎化教育进行了人为割裂，它或是把科学教育和技术教育对立起来，或是把两者与人文教育对立起来，导致了狭隘的专门化。在怀特海眼里，这是一种“最糟糕的教育”。因为只进行一种教育必然会有失偏颇，但三者的机械混合同样难以通达真理。这里关键是把握三者的必要张力，实现其最佳平衡。这就需要呼

① 托马斯·贝里：《伟大的事业：人类未来之路》，曹静译，张妮妮校，北京：生活·读书·新知三联书店，2005年，第96页。

唤一种整合的智慧。

因此，教育并不仅仅是知识的传授。“教育的全部目的就是使人具有活跃的思维。”[①] 在怀特海眼里，这是一个比传授知识更加伟大，因而也更有重要意义的目的。知识是智慧的基础，但知识不等于智慧。不掌握某些知识就不可能有智慧，但人们也可能很容易地获得知识却仍没有智慧。何谓智慧？在怀特海看来，智慧就是对知识的掌握或掌握知识的方式。显然，智慧高于知识，是人可以获得的最本质的自由。现代教育把知识和智慧对立起来，只注重知识的灌输，而忽视智慧的启迪，必然导致大量的书呆子和空泛无益、琐碎无聊、缺乏创新的死知识，甚至根本无知识可言。他还进一步指出：知识和智慧并非总是呈正相关，“在某种意义上说，随着智慧增长，知识将减少”。当我们摆脱了教科书、烧掉了笔记本、忘记为了考试而背得滚瓜烂熟的细节知识的时候，换言之，当我们不是成为知识的奴隶，而学会了积极地创造知识和运用知识的时候，我们才最终拥有了智慧。所谓拥有智慧，就是一种将知识融会贯通的能力，就是整体把握事物的能力。这也是许多后现代教育家追求的“洞见—想象的教育”。所谓“洞见—想象的教育”就是“寻求整体”的教育。就是要既见树木，也见森林。正是在这个意义上，柯布认为怀特海的教育是一种智慧教育。

二是视学生的身心灵为一个有机的整体，反对分裂学生的身心灵，寻求“全人”的生成。在怀特海那里，学生的身体既包含着肉体也包含着精神。我们面前的学生不是身心灵分离的，身是身、心是心、灵是灵，而是身心灵一体的，他们是“整合成一体的存在”。因此，整合教育强调对学生身体的重视，强调学生身心愉悦对学习的重要性。因为人的身心灵之间是相互关联、相互影响的。因此，怀特海主张，“当教师进入课堂的时候，他首先要做的第一件是使他的班级的学生高兴在那儿”[②]。我国著名教育家陶行知先生也曾呼吁“把儿童健

---

① 怀特海：《教育的目的》，徐汝舟译，北京：生活·读书·新知三联书店，2002年，第66页。

② Alfred North Whitehead, *Essays in Science and Philosophy*, New York: Philosophical Library, 1947, p. 171.

康当做幼稚园里的第一重要的事情”，强调教师应当做“健康之神”。[①] 很难想象，一个身心灵分裂的学生如何能“快乐地”学习、能长大成才。而整合教育则以学生身心灵的健康发展为目的，以学生的幸福快乐为旨归。

三是视教育的场所是一个有机的整体，反对将教育窄化成学校教育，教育既可在学校进行，也需要在家庭、当地社区与社会及大自然中进行。教育是全方位的，而不能局限于学校这个维度。

上述具有热土、有根与整合多种特质的生态文明教育在柯布博士看来，并非是不切实际的“乌托邦”。它不仅具有历史的必然性，也具有现实的可能性。因为一种关于新文明的哲学范式已经出现。这就是有机哲学。如果说，现代工业文明是建立在机械哲学的基础之上，这体现在教育领域就是产生了现代教育的离土、无根与碎化诸多特性，那么，随着有机哲学的发展，一种生态文明必然产生。一种全新的教育模式的出现就不仅是可能的，更是必然的。因为在有机哲学的视域下，宇宙是充满生命、富有价值的，宇宙中不存在价值为零的事物。自然万物每时每刻都在生生不已的大化流行之中。万物相互联系、相互成全。对事物来说，关系是内在的，也是最重要的，万物均在关系中生成自己、发展自己并最终完成自己。这个过程有冲突、有竞争，但最根本的关系却是和谐。最终是和者生存，而非强者生存。万物不仅为自身存在，也为他者、为整个宇宙而存在。新的教育因此而生，就必然出现热土、有根与整合的显著特征。

第三节　探索一种全新的教育模式——怀特海大学模式

柯布将这种全新的教育模式称为怀特海大学模式。柯布对它的基本设想包括以下三个方面：反思自己、面向世界和超越学科。

① 江苏省陶行知教育思想研究会、南京晓庄师范陶行知研究室合编：《陶行知文集》，南京：江苏人民出版社，1981 年，第 121 页。

反思自己

柯布认为，现代大学进行的只是学术活动，而非智性的活动。也就是说，它对自身缺乏反思。因此，新型的大学在柯布看来，首先，应该建立一个系或其他机构来持续研究自身。通过这个机构，大学会始终将自己放在一个历史的角度去追问、反思与评估自己，并因此不断地进行调整与改变，以便与时俱进，在文明的更新中保持活力，扮演一种积极的角色。

当然，这离不开大学的历史和它们组织知识的方法的历史，以及大学如何与社会其他部分相联系的历史。这将让大家意识到，大学并非从来就有，它的出现有其必然性。它产生后，又发生了诸多的改变。因此，这个机构要不断地追问：为什么需要大学？大学存在的合理性是什么？它的目的是什么？它的活力何在？它是否需要依据当前的状况来改变自身？

其次，它会评估大学所做的贡献，包括历史的贡献与当前的贡献，它是否面临困境与逆境？它的探求知识的活动是否自由，是否受到来自外部以及内部的威胁？它如何行使它的自由？它可以继续研究几个学科相似的和不同的假设，它们彼此联系的方式以及它们与更广阔的社会联系的方式。例如，女权主义者最近就揭示了女性眼里的科学史与男性撰写的主流科学史是多么的迥然不同。

柯布认为，这再一次证明大学并非价值中立的。它必须有自己的价值，其目标就是提升大学内的自我理解和鼓励变革：它应该使它的价值观尽可能清晰，并让这些价值观接受最广泛的批评和讨论。

面向世界

按照柯布的设想，新型的大学还应该建立一个研究宇宙学的机构。这里的宇宙学不是指天体物理学的一个分支，尽管来自那个学科的信息应该发挥它的作用。相反，它的目标是吸收利用大学中所有学科产生的知识，建立一个世界是什么样子的统一描述。它应该通过与那些学科进行生动的互动来实现这一点。除了被动地接受偶然产生出的有关知识外，它还会提出问题和发表建议。

它所问的问题，产生于它自己将从人文研究中学到的东西与从心理学、社会学和自然科学中学到的东西联系起来所做的努力之中。也就是说，大学的建立离不开一定的世界观与宇宙论，它是据此确定与安排自己的目标与结构的。当一种世界观与宇宙论被取代时，大学也要因此做根本的调整。因此，大学必须对世界观与宇宙论的发展保持敏感，必须要关注相关科学的最新进展，以提前对一种新的世界观与宇宙论做到心中有数，以便使自身及时做出相应的改变。

不仅如此，大学还应该设立一个研究社会危机和全球危机的机构或院系。今天，也许许多人都意识到社会秩序（而且实际上生活本身）受到了威胁。这方面的零碎信息已经在若干学科中显现出来。但是，今天的大学里却很少有机构做出努力去概述这些问题是什么，以及这些问题是如何彼此联系的。而一个重点研究社会危机和全球危机的机构/院系，则能使人们通过收集所有学科的信息发现在学科化的方法中不能显现的联系及其影响，理解社会的真正需求，从而对所有学科提出问题。柯布强调，作为一个整体，大学有责任根据社会需要来组织。它需要鼓励在各个院系内组织研究来应对时代迫切需要解决的问题，亦即鼓励问题导向研究。

超越学科

新型的大学应该是一个整体，而非各个学科的简单叠加。因此，柯布多次强调，大学应该通过建立一个跨学科研究中心来实现这一愿景。不仅如此，这个研究中心必须是非学科化的、跨学科的。因为只有这样，大学才能将人类面临的紧迫的问题与自身联系起来，真正对社会有所帮助。目前，不少大学有妇女研究中心、黑人研究中心、地域研究中心以及和平研究中心等，尽管这些模式对建立这样一个跨学科研究中心不无启迪与参考价值，但这是远远不够的。大学作为一个有机整体，不仅要强调非学科化的跨学科研究，而且要用一种有机思维来组织实施这种研究。如果说，在机械论基础之上产生的大学模式必然出现“学科崇拜”，导致不同学科画地为牢的结果，致使知识远离生活之根、自然之根与传统之根，成为无源之水与无根之木的话，那么，按照有机思维所组织的怀特海大学必然强调跨学科研究的重要性，强调知识的整体性。不如此，大学便不能实现其作为一个整体的理想。

在柯布看来，如何进行跨学科的整合研究以应对人类面临的紧迫问题，是大学的一个重要任务。他的具体设想是，我们的大学可以就地球和它的居民的健康生存这样重要的问题组织起来进行跨学科研究。由于该问题涉及资源消耗、能源、水资源、人口、全球秩序、有效的经济政策、道德价值、人类健康、政治和小区问题等一系列问题，教授可以根据他们的兴趣和能力，运用各种方法进行整合性的研究。在这里，以往每一个学科都可以有所贡献，但都有局限。要突破其局限，真正解决问题的话，不同学科的教授们需要坐到一起来，需要从自己的角度提出自己的深思熟虑的解决方案，并与其他领域的学者们相互讨论，比较、反思、综合以后，方有可能拿出一个积极可行的综合性的方案。

柯布进一步提出，在怀特海大学模式中，可以采取问题/项目/小组的方式，而非学科的方式，用两到三年的时间来实行。第一年是对生态—社会历史、文化—思想史作一个总的观察，了解我们如何发展到今天的状况，并且对我们面临的问题作一个调查。

计划并实施这一年的工作需要技术和想象力。虽然教授的指导和信息的交流很重要，但是学生的主动参与也必不可少。学生们在这一计划中可以以个人和小组的方式发挥他们的主观能动性，他/她们需要对当今世界面临的问题了如指掌，而不至于被问题的难度吓倒，或者失去希望。与此同时，他/她们也需要得到必要的指导与帮助，了解学科研究领域的宽广度。他/她们也可从这些领域中，选择其中一个领域进行重点的关注与研究，这意味着他/她们在这一年中，有望从自己的角度对这个问题或项目有充分且深刻的了解，成为一个有担待、有志向、有能力解决与完成它的个体。这也极有可能帮助他/她们不仅成为该领域的领军人物，而且可以举一反三，拓展深化他们的认识与视野，对生态文明形成一个整体的领悟。

在第二年里，学生们将以 6—10 人的小组进行工作，他们由一位教授带领，教授的兴趣与学生的兴趣相同。在教授的指导下，他们花几个星期的时间一起工作，首先把问题弄清楚，了解资源，制订研究的初步规划。在通常情况下，每一个学生首先在小组里承担自己的任务，承担了解相关的问题或者收集信息的责任。小组成员则需要帮助其中每一个学生学习怎样变得更加有能力帮助别人。进入第二学年的第二学期时，学生们显然对于更富有意义的任务有了充分的准备，他们的任务可以包括旅行、游学和田野考察。如果学生还不能阅读研究工作中需要的语言，或者对数学和统计学还不够了解，无法从事相关领域的研究工作，那么他们必须掌握这些工具。在学年结束时，小组在一起工作，写出一个报告，说明他们如何了解问题，找出解决问题的方法是如何充满希望，他们还需要进一步学习哪些课程。如果他们认为需要以小组的形式继续工作一年，他们也可以做出决定，继续对他们的研究对象进行探索。另外一个选择是，他们可以决定另选题目。小组成员在一起，对一个题目或者两个题目研究两三年，有可能写出对社会有真正价值的报告。这样的课题就可能对人类的需要，如知识和远见的增长，做出直接的贡献。更重要的是，参加这一工作的学生在分析和解决社会面临的复杂问题时，能够养成与其他人一起工作的习惯。

柯布的这些设想虽未必完善，但为我们指明了高等教育改革的一个大方向，那就是重新调整学科研究方向和学科设置，以人类面临的重大问题为中心组织问题导向的研究，通过帮助解决重大急迫问题来推动人类文明的可持续发展，推动人类文明的生态转型。柯布最后满怀希望地说：如果能说服目前最负盛名的各所大学按照生态文明的指南调整办学方针，放弃“价值中立”的信条，使它们相信人类的健康生存、地球的永续繁荣是一种值得珍视的价值，并相应地重新思考它们的作用，“那么我们很有可能挽救这个迅速走向自我毁灭的世界”①。

可喜的是，2018 年 10 月成立的三生谷柯布生态书院（浙江胥岭）就是这样一种尝试。柯布院士被聘为书院的终身荣誉院长。这所两年制的书院是一所没有围墙的学校，整个村落和山谷森林都是校园，学员常到田间地头和百年樟树下上课，实践和理论都会在现场。这也是一所教师和学生、学生和学生通过互相交流启发学习的学校；是一所没有文凭只有十多位学员却有几十位海内外客座教授的学校；是一所院士和村里农民担任教师的学校；是一所隐于山谷却心怀世界的学校；是一所位于乡村和实践乡村振兴战略培养年轻人回得去乡村的学校。是一所生长的学校；是一所关注和讨论人类可持续发展和幸福的学

① John B. Cobb, “Exam, School, and Education,” China Lecture, October, 2018.

校；是一所造就有理想、有自信、有情怀、有能力的“生态人”的学校。

这所学校倡导“三生”即生活、生命与生态的教育理念。

生活：强调教育就是生活教育，**认为**生活即教育，社会即学校，“**教育的主题只有一个，那就是五彩缤纷的生活**”（怀特海），教育的目的是让人可以更好地生活，在生活中体验天地的智慧。

生命：推崇教育就是生命教育，坚信教育即生长，生长即生命的成长，达至“活着、活得好、活得更好”的人生境界。

生态：倡导教育就是生态教育，参与宇宙的大化流行，重建人与自己、人与社会、人与自然的和谐关系，培养我们的生态素养，实现从**“ego”到“eco”，从“我”到“我们”的突破，成就一个“生态人”的圆融人生**。

它是一种生态文明的教育，其主要特征可以在与现代工业文明的教育比较中显示出来，具体见表5－1。

表5－1　后现代有机生态文明教育与现代工业文明教育的比较

后现代有机生态文明教育与现代工业文明教育的比较		
内容	**现代工业文明教育 Modern Education**	**后现代有机生态文明教育 Postmodern Education**
哲学基础/Philosophy	机械哲学/Philosophy of Mechanism	有机哲学/Philosophy of Organism
科学基础/Science	牛顿力学/Newton Theory	量子力学/Quantum Theory
文明类型/Civilization	工业文明/Industrial Civilization	生态文明/Ecological Civilization
模式/Model	经济模式/Economic	有机模式/Organic
重点/Focus	城市/City	乡村与地方/Local
宗旨/Mission	知识/Knowledge	智慧/Wisdom
目标/Aim	专才/Specialization 学历教育／工作培训	通人/Tong Ren/ 生命成长/Becoming
产品/Product	经济人/Homo Economicus	生态人/Eco-persons
方法/Method	填鸭式/竞争式 Forced feeding style of teaching & Competition	启发式与合作式 Heuristic Method & Community Learning

（续表）

后现代有机生态文明教育与现代工业文明教育的比较		
内容	现代工业文明教育 **Modern Education**	后现代有机生态文明教育 **Postmodern Education**
价值/Value	价值中立/Value Free	价值教育/Value Education
学科/Discipline	学科崇拜/Disciplinolatry	跨学科/Transdisciplinary
传统/Tradition	抛弃或贬低传统 Abandonment of the Tradition	尊重传统，鼓励传统与时俱进发扬光大 Respect Tradition
评估/Evaluation	标准化/Standardization	多元化/Pluralism

这所书院通过其特别的课程模块设置，采取讨论式、课题式、项目式的学习方式，以期实践柯布院士的生态教育理念，作为一种热土教育，对现代教育重城市轻乡村说“不”；作为一种有根教育，对现代教育重现代轻传统说“不”；作为一种智慧教育，对现代教育重知识轻智慧说“不”；作为一种整合教育，对现代教育重专业轻综合说“不”；作为一种践行教育，对现代教育重书本轻实践说“不”；作为一种通人教育，对现代教育重经济轻人文说“不”，从而为未来的生态文明培养高情商与“高生商”的生态人/通人。

第六章　后现代生态文明哲学观

许多人认为观念是虚幻缥缈的，于现实无多大的用处。殊不知，观念改变世界、改变人类、改变历史，其用处莫不至大、至深、至远、至极。几千年前，仓颉“始制文字，以代结绳之政”。因此“造化不能藏其秘”，“灵怪不能遁其形”，宇宙万物无不彰显在文明的光照之下，人类从此由蛮荒岁月转向文明生活。此壮举，惊天动地，“天雨粟，鬼夜哭”[①]。由此可见观念的重要。怀特海曾写道：“一系列的哲学想法不仅仅是专门的研究。它塑造了我们的文明类型。”[②] 柯布认为：“最终，是我们的理念，而非科技，决定将来。”[③] 这里所谓的“理念”主要指的是哲学理念。因为哲学是时代精神的精华，人类每一种文明无不是建立在某种基本的哲学观念之上的。现代工业文明就是建立在现代西方实体哲学的基础之上，现代西方社会的政治、经济、法律、道德、教育、文化等均是这一哲学在人类不同领域中的具体展开与体现。因此，对一种文明的反思，必然要深入哲学的层面。对现代工业文明的反思，也必然要深入西方实体哲学的层面。与此相应，一种新文明的创建，必然要有一种与之相应的哲学观念。离开这种最基本的哲学观念，文明的大厦就如沙滩上的建筑一样，顷刻之间就被海滩卷走。

要深入理解柯布对生态文明的构想，当然也离不开他的哲学思想。而柯布

---

① 何宁：《淮南子集释》，北京：中华书局，1998 年，第 571 页。

② Whitehead, *Modes of Thought*, The Free Press, 1938, p. 63.

③ 查尔斯·伯奇、小约翰·柯布：《生命的解放》，邹诗鹏、麻晓晴译，北京：中国科学技术出版社，2015 年，第 15 页。

的哲学，则传承了怀特海哲学。柯布博士是怀特海哲学的第三代传人。在芝加哥大学时，他师从怀特海在哈佛大学的助手、美国现代著名哲学家查尔斯·哈茨霍恩（Charles Hartshorne），后者是怀特海哲学的第二代传人，曾任美国哲学学会主席。因此，对柯布博士哲学思想的理解，还得从怀特海的哲学说起。

第一节　怀特海哲学思想简介

阿尔弗雷德·诺斯·怀特海（1861—1947）是著名哲学家、数学家、理论物理学家、教育家。他曾在英国剑桥大学任教多年，他与学生伯特兰·罗素合著的《数学原理》在学术界影响深远。从剑桥大学退休后，哈佛大学聘请他为哲学教授。在那里，他创立了20世纪最庞大的形而上学体系，成为“过程哲学”“有机哲学”“关系哲学”的创始人，也因此成为建设性后现代哲学的奠基者。方东美先生的高足程石泉先生对怀特海哲学曾作如此评价：“怀氏大著《历程与真际》乃是一部新的哲学综合，在历史上这是二千多年来西方哲学家发自个人的第三次伟大的尝试。”[①]“怀氏的形上学正是在综合西方传统如古代希腊哲学和现代（近三百年来）发展中的科学思想，他的形上学的宇宙论不仅不曾落伍，并且超越时代，提供未来哲学家与科学家新的启示。”[②]哈茨霍恩对怀特海哲学也有感情地说道：“在这个产生了一些可怕事情的世纪里，产生了一位科学家，爱因斯坦，他在天才与品格上不输于任何人。也产生了一位哲学家，除了柏拉图，他同样不逊色于任何前人。不利用这种级别的天才实非明智，因为它的确是世所罕见。一位数学家，却敏感于我们文化中如此多的价值，其思维如此富于想象和创见，如此迫切地向古今大家学习，如此地不拘于任何派别的偏见（无论宗教的或非宗教的），这样一个人真是万里挑一!”[③] 他就是怀特海。

① 程石泉：《易辞新诠》，上海：上海古籍出版社，2000年，第250页。

② 程石泉：《易辞新诠》，上海：上海古籍出版社，2000年，第251页。

③ 参见约翰·布坎南：《万物有情论：怀特海与心理学》，陈英敏等译，北京：北京大学出版社，2016年，第47页。

柏格森也曾经说，怀特海是“英语世界中最好的哲学家”①。按照当代哲学史家李维（Albert W. Levi）的分析：虽然“当代哲学中的逻辑经验主义蕴含了一套自然哲学（知识论、方法论及语言哲学），但是它对人类价值的处理是异常脆弱的；虽然存在主义对于人的问题有一套精心泣血构制的哲学，但是没有自然哲学；虽然语言分析学派有一套关于人类语言表达的哲学，但是没有一套关于人或自然的实质理论。在现代世界中，能够抗拒对部分的诱惑，而企图尝试对整体获得一种精微的透视——即使此种透视是极其短暂——的哲学家，除了怀特海外，恐怕也只有杜威和柏格森了。同杜威一样，怀特海的哲学是一种综合哲学，他尝试综合各种不同学科的洞见，并连接人类常识的证言和普通的官能感觉，且和最难理解的现代物理学的概念相调和，同时又建构一种适当的形而上学，以便去克服17世纪科学及19世纪价值学说的二元论。……怀特海哲学或许是整个西方传统的高峰统会。”②

作为一种“新的哲学综合”，怀特海的哲学可以说是对倡导二元对立的现代西方实体哲学的一次革命性的颠覆。哈茨霍恩认为，怀特海哲学中最关键的概念是“动在”（actual entity or actual occasion）、“创造性”（creativity）与“摄入”（prehension）。怀特海哲学用它们取代了现代西方哲学的“实体”（substance）观念，消解了其二元论、个人主义、人类中心主义等特质，在这个意义上，怀特海的哲学正如方东美先生的弟子程石泉先生所指出的：“是一部新的哲学综合”，“在历史上这是二千多年来西方哲学家发自个人的第三次伟大的尝试。”③

现代西方哲学是奠定在牛顿力学的基础之上的。因此，它的一个最基本观念是“实体”。美国过程思想家罗伯特·梅斯勒认为，“在西方，柏拉图牢固地建立起了存在首位的学说。……最后，在启蒙时代，笛卡尔和其他一些人赞成，较之生成，存在是首位的。因为他们坚持认为（与他们中很多人自己的

---

① Henri Bergson was quoted as saying that Whitehead was “the best philosopher writing in English”. https://en.wikipedia.org/wiki/Alfred_North_Whitehead#Primary_works.

② A. W. Levi, *Philosophy and the Modern World*, Bloomington and London: Indiana University Press, 1966, p. 483.

③ 程石泉：《易辞新诠》，上海：上海古籍出版社，2000年，第250页。

观察相悖），世界是由特质的‘实体’和精神的‘实体’（特别包括人的灵魂）构成的。什么是实体呢？按照笛卡尔的界定，所谓‘实体’，首先，就是某种独立不依，永恒不变的东西，它自己就可以存在，无需依靠别的什么东西。”① “实体”有两大特性：“一是独立存在的；二是在变化中是保持不变的。”② 也就是说，“实体”是构成宇宙万物的最小单位，它可以不受他者影响而存在。不管外界如何洪水滔天，“实体”都可不发生变化。这一点奠定了西方个人主义的哲学基石。因此，实体哲学是个人主义的。

其次，实体哲学漠视宇宙万物之间的内在关系，即使承认万物之间的关系，也只是视这些关系为外在的。最后，实体哲学是二元论的，其典型表现形式是法国哲学家笛卡尔的“心物二元论”，即世界存在着两个实体，一个是只有广延而不能思维的“物质实体”，另一个是只能思维而不具广延的“精神实体”，二者性质完全不同，各自独立存在，彼此之间毫无联系。

总之，这种哲学认为，“较之生成，存在是首位；较之相关性，独立性是首位；较之过程，事物是首位”。③

相反，怀特海的过程哲学则是建立在量子力学的基础之上，它的一个最基本的概念不是“实体”，而是“动在”。也就是说，怀特海哲学作为一种后现代哲学，用“动在”概念取代了现代哲学的“实体”概念。

那么什么是“动在”呢？

1. 动在“是构成世界的终极实在物”

在它的背后，“不可能找到任何更实在的事物”④。它是宇宙的最小细胞，是量子、是能量。实体仍可以被分割，而量子作为能量的最基本携带者，不可再分割。柯布博士在《怀特海辞书》中指出：“一般说来，我们应该认为这种

① *René Descartes*: *Philosophical Writings*, ed. and trans. Elizabeth Anscombe and Peter Thomas Geach, London: Thomas Nelson & Sons, 1954, p. 192.

② 罗伯特·梅斯勒：《过程—关系哲学——浅释怀特海》，周邦宪译，贵阳：贵州人民出版社，2009年，第9页。

③ 罗伯特·梅斯勒：《过程—关系哲学——浅释怀特海》，周邦宪译，贵阳：贵州人民出版社，2009年，第10页。

④ 怀特海：《过程与实在》，周邦宪译，贵阳：贵州人民出版社，2005年，第19页。

构成世界的终极之物就是量子（a quantum of energy）。”“动在”就是一个能量事件。作为能量，“动在”每时每刻都处在变化的过程之中。它永远在生成、在创造，“多”成为“一”，并被“一”所提升。因此，万物的本原不是实体，而是能量。这一点也得到了科学的证实。英国不列颠哥伦比亚大学的大脑哲学家伊万·汤普森教授指出：从脑神经科学的视角来看，世界上“没有一个一成不变的自我”①。因此，世界并非由感官经验可以经验到的实体构成，而是由事件与构成事件的更小状态组成。因此，“启蒙运动认为世界由细微的惰性物质构成的观点业已被证明是错误的”②。

2.“动在”即经验

所有的“动在”都是经验的存在，“都是点滴的经验”③。因此，整个宇宙就是一个经验的海洋、情感的海洋。这里有三点需要强调：其一，经验不是意识，它远大于意识。意识不过是经验的汪洋大海中一束微小的光亮。其二，不仅人类有经验、动物有经验，而且所有的“动在”都是经验的存在，都是经验的主体。正如中国传统文化中所说，世间万物皆有情义。然而，这并非意味着“所有事物都有精神、灵魂或思想，或是所有的事物都包含意识的因素”④。这表明，不仅人是主体，万物皆可为主体。作为主体，它有自己独有的主体形式与目标，它决定自己何去何从并成为何事何物。卡尔·波普尔也支持所有有机体都是主体的观点。其三，作为经验，“动在”包括两个方面：物质（physical）的经验与精神（mental）的经验。因此，每一个“动在”作为“点滴的经验”都是双极的（bipolar），既有物质极，也有精神极。对于实体哲学来说，它面对的最大难题是：“纯粹物质”如何产生生命和思想？而对于怀特海的哲

---

① Evan Thompson, a philosophy of mind professor at the University of British Columbia, says “And from a neuroscience perspective, the brain and body is constantly in flux. There’s nothing that corresponds to the sense that there’s an unchanging self.” http://thepowerofideas.ideapod.com/neuroscience-learns-buddhism-known-ages-no-constant-self-3/.

② 查尔斯·伯奇、小约翰·柯布：《生命的解放》，邹诗鹏，麻晓晴译，北京：中国科学技术出版社，2015年，第2页。

③ 怀特海：《过程与实在》，周邦宪译，贵阳：贵州人民出版社，2005年，第19页。

④ 查尔斯·伯奇、小约翰·柯布：《生命的解放》，邹诗鹏，麻晓晴译，北京：中国科学技术出版社，2015年，第130页。

学来说，这个难题是不存在的，它要思考的只是高等级的经验是如何从低等级的经验中发展而来的问题。正如柯布所说："我们还原了事实真相，'少生命特质'的物体与生命原始形态之间只存在相对不同，不存在绝对差异。"① 最后，"动在"作为"经验"，其经验的方式就是"摄入"。什么是"摄入"（prehension）？这是怀特海自造的一个概念，指的是不同于感性知觉的一种更为根本的"非认知的领悟"。②"摄入"就是当前的"动在"对过去的"动在"的摄握。这种摄握并不局限于感官，也就是说，并不是只有人才具有"摄入"的能力，万物皆可"摄入"，也不得不"摄入"。因此，"摄入"类似于中国传统文化中的"感通"。"这种思想与身体的关系可以被看作是同感一致的。我们与细胞分享感觉和情绪（愉快、苦恼以及其他），而细胞对我们的感情生活也有反作用。"③ 这也就是说，细胞是有经验与感受的，尽管"这种感觉相较于人类的感受是很初级的，而且缺乏意识"④。总之，"摄入"是宇宙万物之间一种基本的联系沟通方式。它包含当前的"动在"（主体）、过去的"动在"（材料）以及主体形式（subject form）。从"摄入"的对象来看，"摄入"分为两类：物理性的摄入（physical prehensions）即对具体的过去的"动在"的摄入；概念性的摄入（conceptual prehensions）即对可能性或"永恒客体"的摄入。从"摄入"的方式来看，它又可分为"肯定性的摄入"与"否定性的摄入"。前者是将过去引入现在（activity taking into oneself），后者则是拒绝将过去引入现在（blocking out the past），而且这种摄入何时发生以及最终摄入什么，则由主体形式决定。因此，在"动在"的生成过程中，它并不受过去及可能性的完全束缚，它具有自由，而这正为创造性提供了必不可少的前提。因此，"动在"的生成过程是一个创造的过程，充满了新奇并最终获得满足。可见，世界并不存在笛卡尔坚持的物质与精神的二元对峙，也不存在身体与灵魂

---

① 查尔斯·伯奇、小约翰·柯布：《生命的解放》，邹诗鹏，麻晓晴译，北京：中国科学技术出版社，2015 年，第 133 页。

② Whitehead, *Science and Modern World*, The Free Press, 1978, p. 69.

③ 查尔斯·伯奇、小约翰·柯布：《生命的解放》，邹诗鹏，麻晓晴译，北京：中国科学技术出版社，2015 年，第 133 页。

④ 查尔斯·伯奇、小约翰·柯布：《生命的解放》，邹诗鹏，麻晓晴译，北京：中国科学技术出版社，2015 年，第 134 页。

这样两种完全不同的现实。怀特海认为，世界上最终只有一种包含着物质与精神双极的现实。物质与精神之间的差异不是种类的不同，而只是程度的不同。正是在这里，怀特海从根底上消解了现代西方哲学的心物对立二元论。

3. “动在”即“互在”与“共在”

与实体哲学相反，在怀特海的形而上学和宇宙论体系中，“相关性和过程性是从上到下、自下而上无所不存在的特性”。“动在”不仅由过程决定，而且也由“关系”规定。也就是说，正是关系构成了事物本身，一切存在都是关系的存在，都是“互在”或“共在”。怀特海指出：“根本不存在任何有限的、独立存在（self-existent）的存在物。”[①] 因此，在怀特海那里，关系不是外在的关系，而是内在的关系。“内在关系是指决定事物的性质构成、甚至某物的存在与否的关系。”[②] 正是关系决定事件/“动在”的存在。“例如，物理学中的场理论表明，构成场的事件只作为场的部分而存在。这些事件不能脱离于场而存在，它们内在地联系着。”[③] 而实体之间的关系是外在的关系，这种关系是附带的与次要的，它们的发生与否并不影响实体的状态与性质。例如石头，无论将它放到哪里，它都不会受到与所处空间关系的影响，它仍然是一块石头。因为实体可独立存在，并不会因他者的变化而改变。而“动在”不可独立存在。世界无一物可独立存在。它永远有赖于他者，永远是在与他者的互动互入中实现着自己的主体目标，向着和谐与完善行进。这就是过程哲学的“相关性原理”。在这个意义上，“动在”即“互在”，也是“共在”。一个“动在”不仅存在于自身之中，同时更存在于其他的“动在”之中。因此，“动在”不仅是主体（对自身而言），不仅是客体（对他者而言），更是一个“超体”（superject）。因为它超越了自身，包含着且依赖着他者。这也是为什么柯布博士在《怀特海辞书》中指出，“为了捕捉源于过去的新的‘动在’的

① 怀特海：《数学与善》，见王治河、霍桂恒、任平主编：《中国过程研究》（第二辑），北京：中国社会科学出版社，2007 年，第 303 页。

② 查尔斯·伯奇、小约翰·柯布：《生命的解放》，邹诗鹏，麻晓晴译，北京：中国科学技术出版社，2015 年，第 91 页。

③ 查尔斯·伯奇、小约翰·柯布：《生命的解放》，邹诗鹏，麻晓晴译，北京：中国科学技术出版社，2015 年，第 91 页。

出现，怀特海有时将这个新的‘动在’称为‘超体’”①。这也即禅宗讲的“一花一世界”“一叶一菩提”，万物皆是你中有我、我中有你。不仅每一“动在”都在主体目标的引领下，不断生成、不断创造，向着自身的和谐行进，而且所有的“动在”都加入这一创生的过程中，并通过不断的摄入，与他者沟通联系并相互依赖、相互成全，每一“动在”都因此壮大而丰富，从而构成整个宇宙的壮美大合唱，向着宇宙的广大和谐行进。因此，怀特海指出“宇宙的最终目的就是产生美”②，“美是宇宙中一个重大事件”③。由于“动在”即“互在”，它由相互的关联所构成，因此“一个人的福祉就是所有人的福祉，一个人的苦难就是所有人的苦难”④。

4. “动在”即“特在”

怀特海与哈特肖恩多次强调，每一事物都有其特有的价值，大千世界中没有价值为零的事物，只有价值多少或高低的事物。任何“动在”都自有其价值，都是独一无二的，都不可为他物所取代。它不仅有固有的内在价值，而且有为他的价值（工具价值）与为整体的价值（宗教价值）。任何“动在”都是这个价值的“三位一体”。在这三种价值中，其固有的内在价值是最基本的，如果这个价值被破坏掉了，为他的价值与为整体的价值也就无从谈起了。此外，由于“动在”不可独立存在，即它具有“互在”的特性，“动在”正是在“为他”与为整体的服务中拓展、深化、丰富自己的固有价值的，它既不能仅仅为保持、丰富、拓展其固有价值而弃“为他”的价值与为整体的价值不顾，它也不可能只局限于保持、丰富与拓展其内在价值。再者，这三种价值：为己的价值、为他的价值与为整体的价值是互相依赖而不是互相伤害的。它既不应为了其固有的价值来伤害为他的与为整体的价值，也不应为了为他的与为整体的价值来伤害其固有的价值。拓展、丰富、深化其固有的价值并不意味着必须

---

① John B. Cobb, Jr. , Whitehead Work Book: “To capture this emergence of the new occasion out of the working of the past in it, Whitehead sometimes speaks of the new occasion as the ‘superject’.”

② Alfred North Whitehead, *Adventure of Ideas*, The Free Press, 1933, p. 265.

③ Alfred North Whitehead, *Uocles of Thought*, The Free Press, 1981, p. 120.

④ 查尔斯·伯奇、小约翰·柯布：《生命的解放》，邹诗鹏，麻晓晴译，北京：中国科学技术出版社，2015年，第209页。

要牺牲为它他的与为整体的价值；同样，拓展、丰富、深化为他的与为整体的价值也不必然要以牺牲其固有的价值为代价。相反，衡量共同体是否健康的重要标准就是要看其中的个体是否健康，那种建立在抑制、伤害、牺牲个体基础之上的共同体决不是一个健康的共同体，那种局限于其固有价值而完全不顾其所处共同体健康发展的个体也决非是一个良善的个体。最后，万物虽然都有其固有的内在价值，但这并不意味着它们都存在相同的价值。柯布与伯奇均认为，价值由经验/体验的丰富性评估。“按照每一种生命形式及其生命/经验体验的不同，从最简单的生命形式到最高级的人类之间存在着很多价值层级。”[①]

简言之，怀特海的哲学以“动在”“摄入”“创造性”等核心观念破解了现代西方实体哲学的客体与主体的对立、精神与物质的对立、事实与价值的对立，因此它是一元论的，是关系的、是有机的，在不同的思想家那里，它可同时被称为有机哲学、关系哲学与过程哲学。

第二节　柯布对怀特海有机哲学的贡献

卡尔·马克思说，哲学家们只是用不同的方式解释世界，而问题在于改变世界。柯布博士对怀特海有机哲学的巨大贡献主要体现在，他不再满足于仅仅解释世界，而是将怀特海有机哲学创造性地运用到经济学、生物学、农业、教育、政治、伦理、政治与公共事务等众多领域，特别是创造性地运用怀特海的思想来研究生态问题，“对怀特海哲学的生态意蕴进行了创造性地阐发和发展”[②]，以应对生态危机不可逆转的严峻现实，通过建立生态文明的全新模式来改变世界。他所倡导的是文明的转型、是范型的转变，而非换汤不换药，在现有文明基础之上的修修补补。

如果说现代西方实体哲学所建立起来的文明是机械的、个人主义的、非此即彼的、不可持续的话，那么，在怀特海哲学之上建立起来的文明则是有机

① 查尔斯·伯奇、小约翰·柯布：《生命的解放》，邹诗鹏、麻晓晴译，北京：中国科学技术出版社，2015年，第207页。

② 柯进华：《柯布后现代生态思想研究》，杭州：浙江大学出版社，2017年，第186页。

的、互生的、共荣共赢的、可持续的。这是一种全新的文明，即生态文明，也可称为后现代文明或后现代生态文明。

柯布博士早在20世纪70年代，就十分敏锐地觉察到这一点。正是在那时，他开始有意识地将怀特海哲学运用于考察人类所面临的重大问题，特别是环境危机等问题，开始了其学术研究的生态转向。

为什么选择怀特海哲学？柯布博士在《为什么选择怀特海？》一文中给出了解释。他在考察世界上主要的文化传统时发现，人类一直需要一种综合的远见。20世纪之前的大多数西方哲学都具有某种宗教意味，因此它所寻求的是以某种无所不包的先见之明把各种事物整合起来。“到了20世纪，作为一个整体的哲学成了分析的或现象学的描述，而非综合的概括。更多的精力被投入到了剖析各种承续下来的思想方式上，而非提供对它们的任何替代上。20世纪晚期哲学的特征乃是一种其方案在于进一步解构的后现代主义。”① 柯布的考察表明：“现今建立于人与人之间、人与自然之间的相互依赖之上的互助合作，是严重缺乏的。已经完成了的整合是最不彻底和最不充分的，而进一步的整合就成为最急迫的事情。”② 然而遗憾的是，人类的综合能力却严重匮乏。“最近两个世纪以来在先进的西方思想中到处可见对这种努力的放弃。寻求综合被视为与占统治地位的流行思想相脱节，被视为生活于某种停滞状态之中。”这也是为什么“当我在50多年前成为一名怀特海主义者时，我们并不处在这个主流之中。今天我们仍然没有处在这个主流之中。”③

尽管如此，柯布博士始终坚信：“当今世界迫切需要一种令人信服的综合性的远见—— 一种能够把诸多知识碎片整合为某种一般的、内在一致的统一

① 小约翰·柯布：《为什么选择怀特海?》，见王治河、霍桂恒、任平主编：《中国过程研究》(第二辑)，北京：中国社会科学出版社，2004年，第216页。

② 查尔斯·伯奇、小约翰·柯布：《生命的解放》，邹诗鹏，麻晓晴译，北京：中国科学技术出版社，2015年，第193页。

③ 小约翰·柯布：《为什么选择怀特海?》，见王治河、霍桂恒、任平主编：《中国过程研究》(第二辑)，北京：中国社会科学出版社，2004年，第214页。

体的思维方式。"[①] 在他看来，若没有某种恰当的统一的远见，我们的社会就会走向严重的灾难。柯布坦承，他之所以在20世纪的所有著作家和思想家中唯独选择怀特海，主要是因为他最接近于提供这种综合性的远见，这种洞察力是世界克服这个世纪面临的严峻挑战所普遍需要的。面对人们的质疑：为何不求助于柏拉图、亚里士多德、奥古斯丁、托马斯或笛卡尔和黑格尔等古典人物？难道研究这个综合思想家大家族不比如此集中于怀特海一个人更好吗？柯布的回答是："我们今天所需要的这种综合所包括了任何一个这些古典思想家都不曾有过的知识。"[②] 就今天发展一种综合的洞察力这种实际任务而言，他们与怀特海不可同日而语。相反，到目前为止，怀特海的"基本概念被证明更能综合许多领域中的思想材料"[③]。

柯布博士进一步指出："倘若要进行综合，就必须对所有领域里的理论阐述进行根本的修正。"[④] 正是在这里，体现了柯布博士对怀特海有机哲学的重要贡献，亦即将怀特海哲学的基本原则运用于人类文明的不同领域，以重新反思人类文明现有的各个领域，如教育、农业、经济、城市设计等，达到对它们的根本匡正。

为实现这一目的，早在20世纪70年代初，柯布就写下了西方世界第一部生态哲学专著《是否太晚?》。按照美国北德克萨斯大学哲学系主任、《环境伦理学》杂志主编尤金·哈格罗夫（Eugene Hargrove）教授的考证，这本书是"第一本由一个哲学家独立写作的、以书的篇幅来讨论环境伦理的专著"[⑤]。

在该书中，柯布"众人皆醉我独醒"，在现代文明的繁花中，他已觉察到生态危机的存在及其严重性。他同时意识到，要解决生态危机，观念的变革异

---

① 小约翰·柯布：《为什么选择怀特海?》，见王治河、霍桂恒、任平主编：《中国过程研究》（第二辑），北京：中国社会科学出版社，2004年，第214页。

② 小约翰·柯布：《为什么选择怀特海?》，见王治河、霍桂恒、任平主编：《中国过程研究》（第二辑），北京：中国社会科学出版社，2004年，第220页。

③ 小约翰·柯布：《为什么选择怀特海?》，见王治河、霍桂恒、任平主编：《中国过程研究》（第二辑），北京：中国社会科学出版社，2004年，第223页。

④ John B. Cobb, Jr., *Why Whitehead*? Claremont, CA: P & P Press, 2004, p. 24.

⑤ Eugene C. Hargrove, "A Very Brief History of the Origin of Environmental Ethics for the Novice," http: //www. cep. Unt. edu/novice. html.

常重要。因为“我们被哲学所塑造”①。一种哲学观念往往对文化和社会有着深刻的影响。正是立足牛顿力学基础上的现代西方实体哲学塑造了西方人，他们将自然万物视为没有摄入能力的客体、只有工具价值而无自身价值等做法都可以在实体哲学的“实体”概念、二元论立场、人类中心主义以及机械思维方式中找到解答。因此，我们需要的不是这一点或那一点的改变，而是一种根本性的变革，一种“范式的转向”②（paradigm shift）。为此，需要“一种人类以及我们与自然关系的新愿景”③，亦即一种全新的哲学思想。而它业已出现，这就是过程哲学，也即柯布博士称为的“生态哲学”④。这种哲学相对于实体哲学，它是事件的哲学；相对于二元论，它是一元论；相对于人类中心主义，它是有机整体主义；相对于机械模式，它是生态模式；相对于牛顿力学，它是建立在量子力学与相对论的基础之上的。

正是基于这样的立场，柯布对“技术主义”进行了批判。在他看来，那种认为我们可将所有的问题扔给科学家去解决的做法是不足为取的。坚持执这种观念的人，对科技进步的无限可能性抱有信心，坚信技术能解决一切问题。“他们坚信，一个比我们聪明十几万倍的大脑，将解决所有问题，疾病、战乱、贫困，各种纠缠人类的苦难，都不再是问题。”⑤ 柯布则指出，仅有技术是不够的，因为“我们所面对的问题并不只是技术层面的”⑥。

按照柯布的分析，技术主义具有以下三个局限性：

第一，技术主义是人类中心主义。它“完全漠视非人类世界的需要”⑦，将自然视为只有工具价值，而无内在价值，从而认为无限发展是必要的。这显然对自然造成了极大的伤害，导致了今天生态环境的严峻现实。因此，柯布指出，面对今天不可逆转的生态危机，“我们不但需要新的科技产品，也

---

① John B. Cobb, Jr. , *Is it too late*? Environmental Ethics Books, Denton, Texas, 1995. p. 58.

② Herman E. Daly, John B. Cobb Jr. *For The Common Good.* Beacon Press; 1994, p. 6.

③ John B. Cobb, Jr. , *Is it too late*? Environmental Ethics Books, Denton, Texas, 1995. p. 15.

④ John B. Cobb, Jr. , *Is it too late*? Environmental Ethics Books, Denton, Texas, 1995. p. 63.

⑤ 谷歌发出惊天预言：“人类将在2029年开始实现永生”。http://mp.weixin.qq.com/s/0nSpRApwPBxcBCWU8N6BEw。

⑥ John B. Cobb, Jr. , *Is it too late*? Environmental Ethics Books, Denton, Texas, 1995. p. 16.

⑦ John B. Cobb, Jr. , *Is it too late*? Environmental Ethics Books, Denton, Texas, 1995. p. 16.

需要新视角来理解科技和社会生活之间的关系”①。后者是更为重要的。因此，我们必须要将科技的发展放到一个新的视角去思考。这个新的视角就是怀特海哲学，特别是他的“特在”观念，即认为自然万物不仅有为人所用的工具价值，而且更具有其与生俱来的内在价值，它的工具价值只有通过其内在价值才能实现。因此，人类的任何行为必须要将自然自身的需求纳入考量的范畴。“我们需要的，不仅仅是技术（技术有时带来的问题比其所解决的问题还要多些），我们还需要改变或改善我们看待世界的方式和最深层的敏感性。”②

第二，技术主义主要是为经济与军队服务的。特别是在今天，经济仍然占统治地位，技术服务于经济，服务于“无限增长”的目标，而不管这种增长是否需要、是否必要，它关于生态需要的知识是非常有限的，它不了解也不想了解自然资源不是取之不尽用之不竭的，而是有限的。在这里，技术成了破坏自然的帮凶。

而生态文明则要求一种与技术主义相反的生态态度。这种态度首先将个体的行为放在整体的网络中考察，不仅关注个体行为对群体的影响，而且关注对未来的影响；其次，生态态度并不旨在操控环境；再次，生态态度意识到技术与经济发展的代价也许过高，高到人类也许不能承受的程度。因此，我们必须或者转变与调整我们对待自然的态度，或者自取灭亡。

第三，技术主义错误地理解了手段与目的的关系，它使两者割裂开来。工程师有被分配给他们的目标，其任务就是发现和实施达到这些目标的最有效的手段。因此，他们是盲目的。作为人，他们也许是敏感的，但作为工程师，他们并不认为他们的操作对象具有内在价值，自然只有工具价值。当他们修建一个大坝时，他们不会考虑此坝对水栖生命的长远影响，他们也不会关心实现那些分配给他们的目标是否具有长期的后果与广泛的影响。

这种不假思索地盲目地让科技服务于现代文明的行为，反而使科技成为问题的一部分。越来越多的事实也证实了这一点。例如，“高科技是导致高失业

① 查尔斯·伯奇、小约翰·柯布：《生命的解放》，邹诗鹏，麻晓晴译，北京：中国科学技术出版社，2015年，第277页。

② 小约翰·柯布：《文明与生态文明》，李义天译，载《马克思主义与现实》2007年第6期。

率的原因之一”[①]。随着农业生产中新科技的大规模使用，“农村的生态环境和土壤质量已付出了代价”[②]。在这里，“技术理性更热衷于创造新问题而不是重构一个此类危险问题不会产生的新情境”[③]。其结果就是，“接受技术理性，就是选择死亡”[④]。

那么，这是否意味着柯布是反技术的，要求人们完全回到过去甚至回到原始社会呢？答案是否定的。柯布考察了古代社会的生态智慧，其中包括中国道家的生态智慧。他的考察表明，古代的生态智慧并没有阻止原始人（如北美的印第安人）放弃那种危害生态环境的放牧方式，而且像道家所主张的那种顺其自然，无为而治也是不可取的。因为时至今日，人类对地球的伤害已经不可逆转，超出了自然界自我修复的能力，所以要完成拯救人类、拯救星球的艰巨任务，仅仅靠诉诸古人的生态智慧是不行的，靠回到过去更是不现实的，因为“人类根本没有机会回到过去”[⑤]。在柯布看来，“如果我们愚蠢到试图回到原始世界的话，我们中的绝大多数人将会因此死去”[⑥]。退一万步说，即使我们真的回到了过去，“我们也将对那里的现实惊恐不已”[⑦]。

因此，人类要选择生的希望，只能往前看。为此就必须面对现实反思造成生态危机的深层原因，这个深层原因就是西方实体哲学，它强调人与自然的分离，标榜人类中心主义。因此，人类以及整个星球存活的希望都取决于这个观点以及相应的思维方式的改变。随着它的改变，人与自然的关系才能重建，技术也才可能成为地球的福音，而不是问题的一部分。“如果农业科

---

① 查尔斯·伯奇、小约翰·柯布：《生命的解放》，邹诗鹏、麻晓晴译，北京：中国科学技术出版社，2015 年，第 256 页。

② 查尔斯·伯奇、小约翰·柯布：《生命的解放》，邹诗鹏、麻晓晴译，北京：中国科学技术出版社，2015 年，第 277 页。

③ 查尔斯·伯奇、小约翰·柯布：《生命的解放》，邹诗鹏、麻晓晴译，北京：中国科学技术出版社，2015 年，第 262 页。

④ 查尔斯·伯奇、小约翰·柯布：《生命的解放》，邹诗鹏、麻晓晴译，北京：中国科学技术出版社，2015 年，第 263 页。

⑤ John B. Cobb, Jr. , *Is it too late*? Environmental Ethics Books, Denton, Texas, 1995. p. 28.

⑥ John B. Cobb, Jr. , *Is it too late*? Environmental Ethics Books, Denton, Texas, 1995. p. 28.

⑦ John B. Cobb, Jr. , *Is it too late*? Environmental Ethics Books, Denton, Texas, 1995. p. 28.

技按照生态模式来发展的话，首先要考虑的便是健康的农村生态和土壤的更新和保持。”① 在这里，人类的精力、资源与智慧才能够集中于那些为了共同福祉的科技发明与创造上。也就是说，我们让科技转而为拯救人类和地球服务。“我们所需要的，就是建立在足够的科学信息与技术能力之上的拯救环境的积极的行动。”②

《是否太晚?》一书发表于1971年，至今已有将近半个世纪的历史了。那时，柯布还对人类拯救星球抱有一定的信心，还对美国政府有一点信心，人类对自然的破坏也许在大家的努力下还可逆转。然而，几十年过去了，今天的科学研究表明，生态危机已经不可逆转，美国政府几十年的所作所为已经显示它不能领导美国人民甚至世界人民奋斗在拯救地球的第一线，生态灾难已经开始降临。“我意识到我们已经错过了通过改变我们的行为就可以阻止地球大范围衰亡的关键点。因此，尽管阻止大范围灾难的发生为时已晚，我们现在改变和努力却还不算太迟，至少可以因为有所准备而降低灾难发生时所带来的伤害程度。”③

为了这种改变，为了让更多的人意识到这个问题的严峻性与急迫性，柯布倾其所有于2015年6月4日至7日在加州克莱蒙波莫那大学组织了生态文明千人大会，这是人类有史以来最大型的关于生态文明的跨学科会议。在这次会议上，来自美国、中国、印度、澳大利亚、欧洲、非洲国家等世界各地的数千名学者、环保主义者、科学家和官员等聚集一堂，讨论80多个与生态文明有关的主题。“这些主题都专注于生态文明所需要的诸多基础，这种生态文明与我们当前所生活于其中的文明截然不同。”④ 时年90高龄的柯布博士在公开信中说，这是他离开世界前“最想做的一件事”，即呼唤人们的生态觉醒，“为了生态文明奠定基础”⑤。“我相信，如果不改变我们的思维方式，我们的方向

---

① 查尔斯·伯奇、小约翰·柯布：《生命的解放》，邹诗鹏、麻晓晴译，北京：中国科学技术出版社，2015年，第277页。

② John B. Cobb, Jr., *Is it too late*? Environmental Ethics Books, Denton, Texas, 1995. p. 30.

③ 小约翰·柯布：《一位九十岁老人的心声》，王心果译，http://weibo.com/p/1001603815957817596104?pids=Pl_Official_CardMixFeed__5&feed_filter=1。

④ 小约翰·柯布：《一位九十岁老人的心声》，王心果译，http://weibo.com/p/1001603815957817596104?pids=Pl_Official_CardMixFeed__5&feed_filter=1。

⑤ 小约翰·柯布：《一位九十岁老人的心声》，王心果译，http://weibo.com/p/1001603815957817596104?pids=Pl_Official_CardMixFeed__5&feed_filter=1。

是不会发生改变的。我们不能用那些导致环境和社会衰退的问题产生的观念来解决它们。”①

1982 年，柯布联手澳大利亚遗传学家查尔斯·伯奇（Charles Birch），合著了《生命的解放》一书。在该书的英文版序言中，作者写道：

“在我们思想成型期，我们都遭遇了怀特海的学说，而且都与哈佛大学曾做怀特海助手的查尔斯·哈茨霍恩（Charles Hartshorne）有一段长久而愉快的友谊。正是基于他对我们对生命的理解所作出的贡献，我们满怀感激地将此书献给他。尽管我们并没有过多的使用怀特海的术语，本书却很大程度地受益于他的哲学。其次，至少从 1970 年开始，我们两人就已经开始高度关注全球问题和生态问题。我们注意到这些问题与怀特海思想的潜在联系，并开始致力于将我们的原则与这些问题联系起来。”②

事实也确实如此。通过本书，伯奇与柯布博士，一位是澳大利亚著名的生态学家、环保主义者与生物学家，另一位是怀特海思想的第三代传人，携手合作，立足当代生物学的最新研究成果，帮助人们重新反思生命与理解生命。在他们看来，源于 17 世纪西方启蒙运动的机械主义与还原论的思维方式，误解了对于生命的认识，这种“把有机体看作机械的观点使许多生命受害匪浅。机械没有情感知觉，没有内在价值。也就是说，它们不要求我们周密思考或尊重他人。遵照这种理解，现代西方文化没有给予绝大多数与我们共享地球的其他动物任何关爱与尊重。它们的价值被理解为是为人所用的。食物生产的工业化为这种态度做了一个大规模的最好的注脚。我们大肆生产人类消费所需的肉类，完全不顾及家禽家畜的生命”③。因此，他们将该书命名为《生命的解放》，实际上呼吁的是将对生命的真正理解从人类中心主义、机械唯物主义的误读中解放出来，给予我们共享地球的动物“人道对待”。在他们看来，不仅动物的生命值得我们关爱与尊重，植物的生命以及所有的生命都应该受到我们

---

① 小约翰·柯布：《一位九十岁老人的心声》，王心果译，http：//weibo.com/p/1001603815957817596104?pids = Pl_Official_CardMixFeed__5&feed_filter = 1。

② 查尔斯·伯奇、小约翰·柯布：《生命的解放》，邹诗鹏、麻晓晴译，北京：中国科学技术出版社，2015 年，第 11 页。

③ 查尔斯·伯奇、小约翰·柯布：《生命的解放》，邹诗鹏、麻晓晴译，北京：中国科学技术出版社，2015 年，第 2 页。

的尊重与关爱。他们指出："我们承认有的生命体没有感知能力，但我们相信它们仍应当得到尊重。没有人类的打扰，植物和昆虫，还有其他动物常常达成一种错综复杂的生命多样性，这理应得到我们的关注和尊重。生态系统对这些动物自身的存在以及对我们而言意义非凡。我们不能避免干扰甚至摧毁它们中的某些东西，但如果对生命的理解得到了解放，我们至少会克制自己，不再沿着人类中心说的道路不可逆地毁灭整个自然世界。"①

在柯布与伯奇那里，生命的解放包含两个方面："首先是从其客体化特征角度，对生命概念的解放，从细胞到人类社会无不如此。其次，就是社会结构和人类行为的解放，比如从对生命，无论是人类还是非人类的操控和管理到对生命完整意义上的尊重的转化。"② 他们强调，只有首先将对生命的理解从机械主义的独裁统治下解放出来，才能在行动上完成对生命尊重的转化。在书中，他们概括了人类历史上几种主要的理解生命的模式。第一种是机械模式，认为有机体是机械。这显然是实体哲学的产物。机械模式认为，不仅人是机器，而且生命都是机器。这种机械模式源远流长，可追溯到公元前 400 年左右的德谟克利特。现代生物学正是在这种机械风气中，在 17 世纪由维萨里的解剖学与哈维的血液循环理论开端的。这种机械模式虽然长期风行一时，但该书的两位作者认为，"说生命有机体在某些方面像机械是一回事，说它们是机械则是另一回事了"③，"尽管生物学研究中的机械模式取得了颇富启发意义的成功，现在已经很清楚机械主义本身不是理解有机体的适合的、彻底的方式"④。

第二种模式是生机论模式。这种模式显然意识到有机体与机械之间的差别，他们的基本观点是，生命有机体中除了原子和分子的构成外，还有一种完全不同的实体，即生命活力、生命力量、生命素等。但这种模式只是提出了问

---

① 查尔斯·伯奇、小约翰·柯布：《生命的解放》，邹诗鹏、麻晓晴译，北京：中国科学技术出版社，2015 年，第 3 页。

② 查尔斯·伯奇、小约翰·柯布：《生命的解放》，邹诗鹏、麻晓晴译，北京：中国科学技术出版社，2015 年，第 6 页。

③ 查尔斯·伯奇、小约翰·柯布：《生命的解放》，邹诗鹏、麻晓晴译，北京：中国科学技术出版社，2015 年，第 74 页。

④ 查尔斯·伯奇、小约翰·柯布：《生命的解放》，邹诗鹏、麻晓晴译，北京：中国科学技术出版社，2015 年，第 77 页。

题，并没有解决问题，“他们证实了生命和心智不是机械的特性，但他们没有解释这些特征是如何定义有机物的”①。

第三种模式是突发进化模式。这是一种介于机械模式与生机模式之间的理论。这种理论认为，在进化的过程中出现了一些奇迹，其中最重要的便是生命的出现与思想的出现，这两种奇迹的出现完全不能用物理和化学的方法理解。但除此之外，这种理论同样没有有效地帮助我们理解生命的本质。

第四种模式是生态模式。在前面提到的三种模式中，都没有意识到环境与生命的关系，当然更谈不上意识到这种关系是内在的关系，而非外在的关系了。在生态模式中，则将每个生物及生物的每个构成部分都看作系统的一部分。“在更细微的观测中，每个层面的构成元素都是以相互联接的模式来运作的，而这种模式并非机械的。每种元素都有其特殊的行为模式，是因它与整体中其他元素的关系；而这种关系在机械定律中是不能被理解的。”②

生命，不只是人类的生命，而且指一切生命，是以自我繁殖的能力为特征的。以往对它的误读源于机械主义与还原主义的思维方式，柯布与伯奇则主张用一种生态模式解读生命，认为“生命的本质要从每个部分及其与环境之间的相互生态关系中来理解”③。在他们看来，在理解什么是生命时，生态模式显然要优于机械模式。生物学的研究，“一次又一次的证明，寻求这种解释的各种元素都能够更好地被生态论而不是机械论所解释。活性细胞以及 DNA 都符合此说”④。

生态模式强调：生命与非生命之间并不存在着一个非此即彼的划分。“事实上，在生命与非生命中并没有确定的边界。”⑤“在与其他事件内在联系着的

---

① 查尔斯·伯奇、小约翰·柯布：《生命的解放》，邹诗鹏、麻晓晴译，北京：中国科学技术出版社，2015 年，第 83 页。

② 查尔斯·伯奇、小约翰·柯布：《生命的解放》，邹诗鹏、麻晓晴译，北京：中国科学技术出版社，2015 年，第 87 页。

③ 查尔斯·伯奇、小约翰·柯布：《生命的解放》，邹诗鹏、麻晓晴译，北京：中国科学技术出版社，2015 年，第 46 页。

④ 查尔斯·伯奇、小约翰·柯布：《生命的解放》，邹诗鹏、麻晓晴译，北京：中国科学技术出版社，2015 年，第 97 页。

⑤ 查尔斯·伯奇、小约翰·柯布：《生命的解放》，邹诗鹏、麻晓晴译，北京：中国科学技术出版社，2015 年，第 191 页。

事件中，复杂生命有机体中的各种显著特征可能以不同程度显示。通过达到某个稳定的结构，支持了某些特殊功能的产生并成为显著特征，于是有生命的物体从无机世界中‘出现’。存活的细胞正是这种稳定结构的奇迹。”①

生态模式并非完全打算取代机械模式，后者在某些情况下是有效和富于启发性的。“机械模式可以游刃有余地描述我们的感知器官所体验的世界中的非生命实体，但它并非是说明物质世界的终极特质的万能灵药。在这一层面上，生态模式更为恰切。”②

在以上四种理解生命的模式中，机械模式显然长期以来占据着主导地位。即使是生机论模式与突发进化模式，也仍然将对生命的理解留给了机械模式，因为后两者只是注意到机械与生命的不同，提出了问题，而没有解决问题。而机械模式显然是实体思维的产物，“是‘实体’思想的自然表达”③。它对生命的理解是基于实体之上的。相反，生态模式则是“事件思维”的产物，它对生命的理解则是基于事件及事件之间的相互关系之上。场论、相对论和量子力学都是事件思维的体现。因此，从机械模式向生态模式的转化，标志着从实体思维向事件思维的转向。而后者正是柯布博士将怀特海哲学运用于生物学的一个实例。

除了与生物学家伯奇的合作，20 世纪 90 年代，柯布又与世界著名生态经济学家赫尔曼·达利联手，合著了《为了共同的福祉》一书，该书于 1992 年获得美国国家图书大奖，成为生态经济学的奠基之作。此书可以看作是柯布将怀特海哲学运用于经济学所取得的成果。在书中，柯布和达利首先从有机哲学的立场对建立在实体观念基础之上的现代经济学进行了反思和批判。

在柯布和达利看来，现代经济学是按照机械模式建立起来的，在这种机械模式中，人类被视为具有消费欲求的个体，他们的目标是增加占有与消费的商品量，丰富感性的人因此被简化为“经济人”与消费者，幸福被等同于对物

① 查尔斯·伯奇、小约翰·柯布：《生命的解放》，邹诗鹏、麻晓晴译，北京：中国科学技术出版社，2015 年，第 98 页。

② 查尔斯·伯奇、小约翰·柯布：《生命的解放》，邹诗鹏、麻晓晴译，北京：中国科学技术出版社，2015 年，第 92 页。

③ 查尔斯·伯奇、小约翰·柯布：《生命的解放》，邹诗鹏、麻晓晴译，北京：中国科学技术出版社，2015 年，第 89 页。

质的占有；经济学所追求的效率暗示着“多多益善”，也即一种无限增长的观念。它“以生产效率为优先，而把生产者的生活质量和环境质量置于次要地位”①。为了“发展”，甚至不惜以牺牲家庭的幸福为代价，不惜以破坏环境、牺牲后人以及动植物及整个地球为代价。对于今日日益严重的生态危机，现代经济学负有不可推卸的责任。因此，现在到了反思它的时候了，更到了新的经济学模式应运而生的时候了。柯布和达利称这种新的经济模式为生态经济学，这种经济学与目前占据经济学支配地位的机械模式有着本质上的不同，它在根底上是建立在怀特海有机哲学的基础上的。其主要理论诉求可以概括如下：第一，强调个体的内在价值，注重个人经验的丰富性，而不是个人对商品和服务的占有与消费量。它要追问的是人们能够通过更多的占有来实现更幸福的生活吗？通过这种追问，生态经济学试图消解在现代经济学的机械模式下所不可避免的人的异化现象。第二，强调关系性。正如上面所说，“动在”即“互在”，个体由其与他者的关系所构成。“经验的丰富性也就是关系的丰富性，这取决于所经历事件的丰富性。它意味着个体存在于社群中，也由他所属的社群所构成。”② 因此，在生态经济学中，应该是由共同体的基本需要决定生产什么。第三，“动在”即“特在”，不仅人有内在的价值，而且自然万物也有其固有的内在价值，人不仅是一切社会关系的综合，也是一切自然关系的总和。因此，自然界发生的事情对人类至关重要。“它们的幸福也有助于人类自身的幸福。”③ 因此，在进行全新的经济学的顶层设计中，必须要将自然纳入进来，必须追求一种为了人与自然“共同福祉的经济学”。④

不仅如此，柯布博士还运用怀特海的有机哲学反思主流伦理学，从而为我们勾勒了一幅生态伦理学的新颖图景。基于怀特海的“动在”观念及事件思

---

① 查尔斯·伯奇、小约翰·柯布：《生命的解放》，邹诗鹏、麻晓晴译，北京：中国科学技术出版社，2015 年，第 269 页。

② 查尔斯·伯奇、小约翰·柯布：《生命的解放》，邹诗鹏、麻晓晴译，北京：中国科学技术出版社，2015 年，第 273 页。

③ 王治河、曲跃厚：《柯布的后现代经济理论》，见王治河主编：《全球化与后现代性》，桂林：广西师范大学出版社，2003 年，第 91 页。

④ 赫尔曼·E. 达利、小约翰·B. 柯布：《21 世纪生态经济学》，王俊、韩冬筠译，杨志华、郭海鹏校，北京：中央编译出版社，2015 年，第 21 页。

维，柯布认为，我们关于伦理学的理解也需要一种调整与转变。这种转变应该体现为从以往的人类中心主义的伦理学向生态伦理学转变。它主要包括以下几个方面的内容：

第一，万物皆是主体。

早在古希腊时代，人是万物的尺度这一观念已经被确立。在以后的历史进程中，它在很大程度上演变为男人、白人与富人是万物的尺度，伦理学的关怀并没有拓展到大地、自然以及非人类的动植物。即使以后这个关怀扩展到女性与其他弱势群体如黑人及土著人，它也仍然是人类中心主义的，因为主体被限制在人类的范围内。自然万物依然被视为人类的财产，它们的生命及存在都只是人类认识与使用的客体。到了现代经济学那里，人与自然的关系更是被严格地限定于经济领域，“这一关系承担的是特权，而不是义务”[1]。

站在有机哲学的角度看，这种人类中心主义的伦理学是成问题的。环境破坏不只是经济上是否廉价的问题，而且本身就是错误的行为。因为万物均有其与生俱来的内在价值，在这个层面上，万物均可为主体，所以万物均值得被尊重、被关怀。每一个生命（动植物）都有其自身的目的而不止是为了人类的目的。人类对大地自然、对动植物不仅有权利，更有义务。伦理学必须建立在对所有生命的敬畏之上。正如20世纪伟大的思想家施瓦泽所说：“伦理学应该无限地向所有的动物的生命及其责任开放。”动物并不仅仅被作为人类的目的而存在。柯布认为，在这里，康德的关于目的王国的原理需要被大大地拓展，从人类拓展到动物和植物，拓展到万事万物。

第二，万物既是目的也是手段。

柯布也提出，所有生命不仅自有其价值，有其内在的目的，而且也是手段。人类既是目的也是手段，是内在价值与工具价值的平衡。这种内在价值源于其经验的丰富性。因此，那种认为万物的价值无差别，“每一只麻雀都要求享受与人类同等的生存要求的话”[2] 是非常荒谬的。柯布认为，价值是有等级

---

① 查尔斯·伯奇、小约翰·柯布：《生命的解放》，邹诗鹏、麻晓晴译，北京：中国科学技术出版社，2015年，第147页。

② 查尔斯·伯奇、小约翰·柯布：《生命的解放》，邹诗鹏、麻晓晴译，北京：中国科学技术出版社，2015年，第152页。

的，而等级的高低则是由其经验丰富性的多少来决定的。例如，石头与活细胞的内在价值显然是不同的。“石头的内在价值仅仅是分子、原子以及半原子的聚集。”而“细胞不是石头，它有一个内在的统一体，而且细胞事件与其周围环境形成了更为丰富的内在关联。这意味着细胞有其隐秘的和内在的经验，且能与我们人类的经验相类比。简言之，它的内在价值要比其组成要求或者如石头那样的东西丰富得多。如果要在一个完成了的无机物世界与一个有细胞生物世界进行选择，无疑要优先考虑后者。后一个世界的价值是前一个世界无法相比的”①。

但在实际操作中，我们必须要具体问题具体分析，避免怀特海所批评的“误置具体性的谬误”②。如是否要求所有人成为素食主义者，海鲸与浮游海藻何者更重要、更值得保护，森林是否应该完全取代沙漠，等等。“一定的沙漠对保护生命也起着重要作用。……独一无二的沙漠生态环境的消除毕竟不是值得赞许的事情。”③ 但是无论如何，“从总体上看最大化的价值必须包括非人类世界的价值”④。

第三，人也是手段/工具。

从经验的丰富性来看，人的内在价值显然要高于其他动植物，因为人有意识、有理性，正是在这里，生命经验被提升到一个新的层面。但是，这并不意味着，人必须牺牲万物来满足自己的生存与发展。因为根据怀特海的价值论，人与万物一样，不仅有内在的价值，也有为他者与为整体的价值。也就是说，人也有工具价值，人对他者来说，也是工具和手段：“人类像所有其他生命物一样，即是目的又是手段。”⑤ 进一步，由于人是一切社会关系与自然关系的

---

① 查尔斯·伯奇、小约翰·柯布：《生命的解放》，邹诗鹏、麻晓晴译，北京：中国科学技术出版社，2015年，第153页。

② 赫尔曼·E. 达利、小约翰·B. 柯布：《21世纪生态经济学》，王俊、韩冬筠译，杨志华、郭海鹏校，北京：中央编译出版社，2015年，第36页。

③ 查尔斯·伯奇、小约翰·柯布：《生命的解放》，邹诗鹏、麻晓晴译，北京：中国科学技术出版社，2015年，第175页。

④ 查尔斯·伯奇、小约翰·柯布：《生命的解放》，邹诗鹏、麻晓晴译，北京：中国科学技术出版社，2015年，第175页。

⑤ 查尔斯·伯奇、小约翰·柯布：《生命的解放》，邹诗鹏、麻晓晴译，北京：中国科学技术出版社，2015年，第174页。

总和，人的内在价值必须在与他者的关系中丰富、发展起来。因此，人对他者的生存负有必不可少的责任与义务。也就是说，人对他所在的共同体、对整个地球都有责任与义务。“人类作为手段，不仅只是为了他人的福祉，也为了其他生命物的福祉。这不是纯粹的感情用事。因为它是人类的一项义务。”[①] 在柯布看来，这一点对重新反思人与自然的关系极为重要。这同时也意味着人类共同体中的任何一名成员“都有责任帮助那些被剥夺者”。柯布认为这正是正义的重要内涵，因为“正义并不要求人人平等，而是要求我们分担彼此的命运”[②]。

在柯布看来，当我们用这种全新的后现代的伦理学范式来思考当前人类所面临的环境危机、气候变化、人口增长、物种濒临灭绝、贫困、能源危机、工业化农业以及堕胎等诸多重要问题时，我们也许会获得一种富有启发性的答案。“在人类福祉与自然生态之间并不存在一种痛苦的非此即彼的抉择”，[③] 探索一种亦此亦彼的双赢之路是可能的。中国政府所提出的建设生态文明，就是这样一条双赢之路。在为《21 世纪生态经济学》所写的中文版序言中，柯布写道：“我希望本书读者明白，对生态文明的后现代之追求，可以而且应该替代对现代化之追求。中国可以寻求那种为共同福祉之发展。”[④]

第三节　“对世界的忠诚”

铁肩担道义，与西方主流社会的哲学家大多沉湎于象牙塔的纯学术研究不同，柯布服膺马恩经典作家所推崇的“改变世界”的淑世精神。他说：“我是一个哲学家，我认为健康的宗教关注的是对世界的忠诚，而不是逃离世界。”[⑤]

---

① 查尔斯·伯奇、小约翰·柯布：《生命的解放》，邹诗鹏、麻晓晴译，北京：中国科学技术出版社，2015 年，第 174 页。

② Charles Birch, John B. Cobb, *The Liberation of Life*: *From the Cell to the Community*, Environmental Ethics Books, 1990, p. 165.

③ 查尔斯·伯奇、小约翰·柯布：《生命的解放》，邹诗鹏、麻晓晴译，北京：中国科学技术出版社，2015 年，第 174 页。

④ 赫尔曼·E. 达利、小约翰·B. 柯布：《21 世纪生态经济学》，王俊、韩冬筠译，杨志华、郭海鹏校，北京：中央编译出版社，2015 年，第 1 页。

⑤ 小约翰·柯布：《一位九十岁老人的心声》，王心果译，http://weibo.com/p/1001603815957817596104?pids=Pl_Official_CardMixFeed__5&feed_filter=1。

在他看来，近几十年来，主流的哲学大都囿于现行分类之藩篱，而回避现实，对人类所面临的生死存亡的生态危机也多视而不见，反而是神学家们在积极行动，努力回应气候变化、空气污染、能源危机、食品安全、贫富差距等对人类文明的严峻挑战，力图发现有效的解决方案。这种对人类赖以生存的世界的强烈关注与并视其为人类最紧迫的任务，就是怀特海认为的“对世界的忠诚”。

柯布博士一生的所行所言中都体现了这样一种“对世界的忠诚”[①]。还在芝加哥大学时，他就接触了怀特海哲学，选择了怀特海哲学，因为他意识到只有怀特海思想能帮助他回应世界对他的挑战。不仅如此，他更意识到，时代需要怀特海哲学，生态文明需要怀特海哲学，他更将怀特海哲学运用于哲学、教育、经济、公共政治、伦理、生物、农业、城市设计等领域，深入反思现代工业文明的弊病，并勾画出生态文明的切实可行的具体图景。这正是柯布对怀特海哲学的杰出贡献与发展。

在这天才时代的暗夜里，
从天空坠落的真相，
有如繁复的流星雨。
它们散落四方，
看去毫无关联而又毋庸置疑。
只有日复一日将它们编织串起，
才能聚积足够的智慧
将我们的邪恶摄去。
然而没有一部织机，
能将它织成布匹。[②]

柯布博士正是这样一个织布高手，他倾其一生、殚精竭虑所纺织的，正是一匹生态文明的锦绣华缎。

---

① Whitehead, *Religion in Making*, Cambridge University Press, 1927, p. 49.

② 参见查尔斯·伯奇、小约翰·柯布：《生命的解放》，邹诗鹏、麻晓晴译，北京：中国科学技术出版社，2015年，第14—15页。

第七章　生态文明的希望在中国

著名思想家与教育家尔尼斯特·波依耳（Ernest Boyer）曾经说："研究西方文明帮助我们了解人类过去的历史，但是要想了解人类的未来，我们就不得不研究西方以外的文明。"[①]

本着尊重他者的后现代精神，从怀特海到柯布和格里芬，几乎所有过程哲学家都秉持一种向他者开放的态度。怀特海的高足、著名比较哲学家诺斯若普写于20世纪40年代后期的一句话清晰地表达了过程哲学家对这样一种态度的呼唤："我们必须使自己的直觉、想象力甚至灵魂向与我们自己的视野、信仰和价值观不同的视野，信仰和价值观开放。"[②] 作为向他者开放的后现代转折，柯布更是有着明确的理论自觉："今天，由于欧洲文化优越论不再统治我们，我们更要做好准备向其他文化学习。"[③] 柯布是这么说的，也是这么做的。早在20世纪70年代，柯布在其所著的世界上第一部生态哲学专著《是否太晚?》中，就已开始关注到中国传统思想中所蕴含的丰富的生态智慧，并在21世纪初提出了一个引人注目的观点："中国是世界上最有希望实现生态文明的地方"。[④]

柯布博士的这一观点引起了国人广泛的争议，有人同意有人反对，有人认

---

① Todd C. Ream and John M. Braxton. eds. , *Ernest L. Boyer: Hope for Today's Universities*, SUNY Press, 2015, p. 189.

② F. S. C. Northrop, *The Meeting of East and West*, New York: The Macmillan Company, 1946, p. 10.

③ Cobb, *Transforming Christianity and the World*, Maryknoll: Orbis Book, 1999, p. 31.

④ 刘昀献:《中国是当今世界最有可能实现生态文明的地方——著名建设性后现代思想家柯布教授访谈录》，载《中国浦东干部学院学报》2010年第3期。

为柯布博士对中国其他方面知之甚少，更有别有用心的人认为他是在“忽悠”中国，试图以生态文明建设之名“遏制”中国的发展。显然，这里许多人是将可能与现实混为一谈了。柯布指的仅仅是希望与可能，他说：“我衷心希望中国可以引领世界走向生态文明。”① 至于这个可能能否成为现实，有几成希望甚至能否梦想成真，完全取决于中国人民与中国政府的选择，中国人可以选择向生而死，也可以选择向死而生。建设性后现代主义的领军人物大卫·格里芬博士与罗马俱乐部资深成员柯藤博士等也持有类似的观点。在我们2018年5月拜访格里芬博士的访谈中问及他对此事的看法时，格里芬博士的回应是，在生态文明建设中，中国显然比美国更有希望。他认为，即使有5%的希望，也值得背水一试。柯藤博士则指出：“中国现在面临着重大选择：是接受具有严重缺陷的西方叙事方式，成为濒临破碎的‘帝国主义世界’中最后一个超级大国？还是会引领世界建设以中国古代哲学为基础的生态文明？

“如果中国选择了前者，结果可能是历史的结束——至少是人类所记录的历史的终结。如果中国选择了后者，它可能会被认为是千百年来引领人类认识和实现我们人类可能性的最高潜力的国家。”②

柯布博士等世界顶级学者为何如此看好中国呢？根据笔者多年来在柯布博士身边的浸润，我们认为他有如下根据：

第一，中美体制不同。柯布在2017年的一封公开信中说：“自20世纪60年代以来，我深为全球的生态危机忧虑。1970年我写了本书《是否太晚？》。有那么一段时间，看起来似乎美国能够引领世界各国在防止生态灾难上做出表率。但美国的大公司将这种努力视为赢利障碍，因此企业界阻挠我们的生态行动。从根子上来说，资本主义是以摧毁环境为代价的，美国的情况如今也越来越糟。”③ 在他眼里，“美国已经在寡头政治的道路上渐行渐远。

① 小约翰·柯布：《中国的独特机会：直接进入生态文明》，王伟译，载《江苏社会科学》2015年第1期。

② 大卫·柯藤：《生态文明与共同体理论》，王爽译，2018年4月27—28日第12届克莱蒙生态文明国际论坛大会上的发言。

③ 小约翰·柯布：《让我们一起为建设生态文明而奋斗》，富瑜译，载《世界文化论坛》2017年第3/4期（总第74期）。

人们有时称之为‘大公司政治’（corpocracy），即由大公司统治”[①]，美国政府已经成为垄断集团的傀儡，成为服务资本、服务市场的奴仆。柯藤博士则将这种现象称为“企业理论”。“这个理论基于自我限制和破坏性的假设，即我们人类只关心个人自我满足。它忽视了人类对清洁空气、食物、水和其他必需品的需求，也忽视了只有在相互关心的基础上才能满足的情感需求。个人和集体关照彼此，而地球被视作无关紧要的。政府失去了民主问责制的特征，它的作用被减弱，只负责执行合同。”[②] 现实也确实如此。2016 年，随着特朗普总统的上台，他迄今为止的所作所为（如宣布美国退出巴黎气候协议、签署煤炭命令、废除奥巴马任期内制订的“清洁电力计划”等多项环境政策、不再更新四年一次的美国国家气候评估等）无不在严重伤害着世界范围的生态文明建设，正在将世界引向一条自我毁灭的不归路。因此，作为美国人的柯布明确提出：“我不看好美国，是因为我的国家基本上已经被大财阀掌控了。不是说它没有能力超越现代性实现生态文明，而是说它的关注点不在为民众谋福利上，而是在为大财团特别是跨国公司服务上。这就解释了为什么它宁愿花费巨大的代价在近东地区和世界各地进行各种不得人心的军事冒险，而不愿把钱花在推动生态文明上，是资本的利益使然。”[③] 与之相反，“中国还没有完全变成一个富豪掌权的国家，中国政府说话还依然有分量。感谢马克思的影响，对大多数穷人的真正关心，依然是中国政府的首要考量”[④]。柯藤博士也认为：“中国可能是唯一一个有能力按照所需速度和意图做出选择的国家。它是一个主要的经济强国。其政府致力于人民的福祉，政府的权力尚未服从纯粹的公司利益。”[⑤]

---

① 小约翰·柯布：《论命运共同体》，柯进华译，2017 年 4 月 28 日第 11 届克莱蒙生态文明国际论坛大会上的发言。

② 大卫·柯藤：《生态文明与共同体理论》，王爽译，2018 年 4 月 27—28 日第 12 届克莱蒙生态文明国际论坛大会上的发言。

③ 冯俊、柯布：《超越西式现代性，走生态文明之路——冯俊教授与著名建设性后现代思想家柯布教授对谈录》，载《中国浦东干部学院学报》2012 年第 3 期。

④ 冯俊、柯布：《超越西式现代性，走生态文明之路——冯俊教授与著名建设性后现代思想家柯布教授对谈录》，载《中国浦东干部学院学报》2012 年第 3 期。

⑤ 大卫·柯藤：《生态文明与共同体理论》，王爽译，2018 年 4 月 27—28 日第 12 届克莱蒙生态文明国际论坛大会上的发言。

第二，中美传统不同。柯布认为中国传统文化中有着丰富的生态智慧。“中华文明的兴起，没有遇到那种使美索不达米亚人和希伯来人同自然界相疏离的严酷环境。因此，中国从合乎生态的生存到迈向文明的这个过程，就没有像西方那样一门心思地致力于统治自然。”① 中国最近百年的历史也表明，中国是在西方坚船利炮的威胁下，被迫走向现代化的。而且现代化的历史也不长，也只是在最近40年才开始这个进程，因此，西式现代化在中国还远未达到像在西方社会那样根深蒂固、难以撼动的程度。克里福·柯布也指出：“中国应该会成为第一个认真考虑生态文明理念的国家，这点并不令人惊讶。中国有着复杂的哲学传统，这些传统总是强调相互竞争的经验和观点的平衡性。在过去的100年里，中国拥抱现代化是对那一传统的否定，但是现在作出改变还来得及。”②

中国传统文化中，“儒家‘天人合一’的哲学思想和美学思想从来强调人与自然的和谐（道家和释家也如此）。宋代大哲学家张载有两句很有名的话：‘民吾同胞，物吾与也。’（《正蒙·乾称篇》）就是说，世界上的民众都是我的亲兄弟，天地间的万物都是我的同伴、同类。宋代理学家程颖说：‘人与天地一物也。’（《河南程氏遗书》卷第十一）又说：‘仁者以天地万物为一体。’‘仁者浑然与万物同体。’（《河南程氏遗书》卷第二上）在这些大儒看来，人与万物是同类、同伴，是平等的，应该建立一种和谐的关系。”③ 在柯布看来，“道家的目的则在于恢复与更新天地的原初和谐”④。总之，中国传统文化倡导一种有机整体主义，强调天人一体，并不将人置于高于自然与宇宙的地位；认为人与自然的理想状态是相互关联、相互依存的和谐平衡状态，而非对立与竞争的状态。中国从未真正接受过人与自然分离的观念。柯布博士认为，中国文化特别是作为其根基的儒、道、释所倡导的天地人和、阴阳互动的价值观念，不仅是生态运动的哲学基础，也应成为即将来临的生态文明的支柱性价值观念。他说：“这样一种有机整体主义哲学为我们的社会向生态文明转变提供了

---

① 小约翰·柯布：《文明与生态文明》，李义天译，载《马克思主义与现实》2007年第6期。

② 克里福·柯布：《中国的现代文明与生态文明之争》，2017年4月28日第11届克莱蒙生态文明国际论坛大会上的发言。

③ 叶朗：《儒家美学对当代的启示》，载《北京大学学报》1995年第1期。

④ John B. Cobb, Jr., *Is It Too Late*? Environmental Ethics Books, Denton, Texas, 1995, p. 29.

一种深厚的哲学基础。这也是我看好中国的另一个重要原因。或许西方世界许多人不同意我的看法，但我坚持认为，中国是当今世界最有可能实现生态文明的地方。”①

第三，中国仍拥有广大的乡村，仍保存着乡村文明。柯布生态文明观的一个重要理论内容是，强调建设生态文明应从农村开始。柯布认为：“美国的乡村文明已经消失，它在几十年前就被毁灭了。”② 现在，美国的农民仅占全美总人口的1%。相反，中国农村虽然在近20多年来的城镇化运动中，被农业的现代化冲击得七零八落，但其仍然存在，中国还有大约6亿的农村人口。而且近年来，有统计表明，回到农村的人已经呈现出高于走出农村的趋势。同时，中国的农村还未实现完全依赖于石化燃料的农业工业化，也就是说，还未完全被绑上农业工业化的“战车”。总之，中国的农村还在，因此在建设生态文明中，中国比美国更有希望。

第四，中美教育也有很大的区别。美国的学校教育倡导“价值中立”，高等教育在“价值中立”的大旗下，实际上已经沦为市场的奴仆，成为工作培训而非育人的机构。教育与其他经济活动相比并无任何不同。因为对于家长与学生来说，高等教育成为一种投资，其目的就是追求对投资者的高回报，念兹在兹的是如何毕业后获得报酬高的工作，强调学生的自我实现，而非关心现实，关心人类与星球的命运，教育“百年树人”的宗旨已经迷失在金钱的大潮中。相反，中国的教育即使在高等教育中，也从未真正举起“价值中立”的大旗。教育还是一条成人的途径，学生通过教育，完成自身的升华以最终服务社会、服务人民。

第五，中美政府对生态文明的态度也存在巨大差异。柯布指出：“美国从未认真探讨过实现生态文明。我们努力建设生态文明的一些小成就也被当前政府所剔除。”“我们的政府甚至拒绝做很小的让步来达成行动。”③ 相反，中国

---

① 刘昀献：《中国是当今世界最有可能实现生态文明的地方——著名建设性后现代思想家柯布教授访谈录》，载《中国浦东干部学院学报》2010年第3期。

② 小约翰·柯布：《中国的独特机会：直接进入生态文明》，王伟译，载《江苏社会科学》2015年第1期。

③ 小约翰·柯布：《论命运共同体》，柯进华译，2017年4月28日第11届克莱蒙生态文明国际论坛大会上的发言。

政府近年来在建设生态文明方面的所作所为则让柯布博士看到了希望。据新华社报道，“2012 年 11 月召开的党的十八大，把生态文明建设纳入中国特色社会主义事业‘五位一体’总体布局，首次把‘美丽中国’作为生态文明建设的宏伟目标。十八大审议通过《中国共产党章程（修正案)》，将‘中国共产党领导人民建设社会主义生态文明’写入党章，作为行动纲领；

“十八届三中全会提出加快建立系统完整的生态文明制度体系；

“十八届四中全会要求用严格的法律制度保护生态环境；

“去年金秋十月召开的十八届五中全会，提出‘五大发展理念’，将绿色发展作为“十三五”乃至更长时期经济社会发展的一个重要理念，成为党关于生态文明建设、社会主义现代化建设规律性认识的最新成果。

“超越和扬弃了旧的发展方式和发展模式，生态文明、绿色发展日益成为人们的共识，引领社会各界形成新的发展观、政绩观和新的生产生活方式。

“政绩考核，去除‘GDP 紧箍咒’。

“政绩考核的‘指挥棒’，越来越清晰地指向绿色低碳。十八届三中全会明确要求‘纠正单纯以经济增长速度评定政绩的偏向’。2013 年底，中组部印发《关于改进地方党政领导班子和领导干部政绩考核工作的通知》，规定各类考核考察不能仅仅把地区生产总值及增长率作为政绩评价的主要指标，要求加大资源消耗、环境保护等指标的权重。

“去年 8 月出台的《党政领导干部生态环境损害责任追究办法（试行)》，强调显性责任即时惩戒，隐性责任终身追究，让各级领导干部耳畔警钟长鸣。”①

中国共产党十九大报告提出，坚持人与自然和谐共生，建设生态文明是中华民族永续发展的千年大计，并决定将生态文明写入宪法。

这些都鼓舞了柯布，让他看到了希望，更加坚信生态文明的希望在中国。他说：“中国政府对建设生态文明的郑重承诺，以及在生态文明建设上所取得

---

① 新华社：《党的十八大以来加强生态文明建设述评》，http：//news. xinhuanet. com/politics/2016 -02/15/c_1118049087. htm。

的成就，我为之感奋。”[①]

在他看来，中国政府率各国政府之先明确提出“建设生态文明”，是在一个新的高度上对有机整体主义的弘扬，这是中国对世界范围的后现代运动的独特贡献。

那些以为柯布对中国知之甚少的人不知道的是，这位老人已经9次到访中国，最近一次是于2019年9月赴浙江省丽水市与云南省普洱市考察。他目睹了中国经济、社会等各个领域的巨大发展，尤其是生态文明建设领域的变化与成就。丽水市莲都区设立的“柯布生态文明院士工作站”以及普洱柯布院士工作站更是为他提供了一个近距离观察中国生态文明建设的平台。其足迹不仅深入莲都碧湖镇魏村的有机稻田、下南山村民家里、三生谷胥岭生态村的山道，而且远涉那柯里的茶马古道。在他克莱蒙的一方陋室中，他也接待了数以百计前来拜访的中国学者、政府官员与NGO人士等，与他们在“朝圣地”的“社会主义大食堂”共同进餐，相谈甚欢。这些经历使他有理由相信：“中国在保护生态平衡上将会大有作为，因为中国政府可以说是当今世界最关注社会正义与生态正义问题的政府。”

在美国的许多场合，柯布多次指出，“生态文明”概念的提出，昭示着中国作为举足轻重的政治经济大国已经在扛起这份生态责任。美国则由于资本主义制度作祟，财富过度集中在超级富豪手中。区区几千人基本控制着国家的财富，实际上也就是控制着世界的财富。柯布认为，指望他们（美国政府）实现为了共同福祉的生态文明，无异于与虎谋皮。

与此形成鲜明对比的是，“生态文明建设正在广泛而深刻地改变着中国经济社会的发展面貌”，[②] 他说：“为什么我看好中国，认为生态文明希望在中国，就是因为我通过中国的这些变化以及中国政府的决定，知道他们的确在走向生态文明”。[③] 他相信，尽管被压抑了近一个世纪，但中国的传统文化依然具有巨大的影响力，在未来的生态文明建设中将会发挥举足轻重的作用。正是

① 小约翰·柯布：《中国的独特机会：直接进入生态文明》，王伟译，载《江苏社会科学》2015年第1期。

② 张孝德：《新时代，我们如何读懂乡村?》，http://www.sohu.com/a/234570033_788073。

③ 叶晓楠、郑舒文：《生态文明的希望在中国》，载《人民日报》（海外版）2019年9月19日。

基于以上的思考，柯布反复在国际社会宣讲“生态文明的希望在中国。”他说，“有迹象表明，中国或许可以引领世界走出这种体制化的残酷和毁灭。这个过程或者可以使得人类的幸存成为可能。”① 2019年9月17日在中央社会主义学院的报告中，柯布明确指出：“在我看来，中国提出走向生态文明这个伟大的主张，是21世纪中国对世界做出的巨大贡献。”② 国家行政学院生态文明研究中心主任张孝德教授也认为，“如果说十八世纪以来西方为世界贡献了工业文明模式，那么二十一世纪将是中国为世界文明做出贡献的世纪，这个贡献就是生态文明新时代。”③

然而，这仅仅是一个希望。柯布博士呼吁中国政府及中国人民抓住这一希望。他满怀感情地说：“直接进入生态文明的发展抉择，带给中国一个千载难逢的伟大机会。这个机会是中国独有的领导世界的机会。抓住这个机会，将是选择生；重复西方的错误，将西方工业化模式强加给农村，则是选择死。我恳请你们：请选择生！请抓住直接进入生态文明这一千载难逢的伟大历史机遇。”④

与此同时，柯布的“生态文明的希望在中国”这一观点正在西方学术界获得越来越多的支持。西方著名生态马克思主义者福斯特在2016年第十届生态文明国际论坛上的发言中就明确指出，虽然中国在当前的发展道路上面临着深层的生态与社会挑战，但“西方的科学家们，诸如著名的美国气候学家詹姆士·汉森，都因为西方的资本主义和解决气候问题的无能而深感不安。他们越来越转而认为，中国可能是希望之源”⑤。

福斯特强调，这个观点“在环保畅销书《西方文明的崩溃：立足于未来的观点》中得到生动的演绎。该书由两位领军的科学史学家内奥米·奥利斯

---

① 冯俊、柯布：《超越西式现代性，走生态文明之路——冯俊教授与著名建设性后现代思想家柯布教授对谈录》，载《浦东干部学院学报》2012年第3期。

② 叶晓楠、郑舒文：《生态文明的希望在中国》，载《人民日报》（海外版）2019年9月19日

③ 张孝德：《生态文明建设不是简单 绿化推进绿色发展一把手责任重大》，2017年10月23日人民网－强国论坛？www. people. com. cn/n1/2017/1023/c32306－29602894. htm。

④ 小约翰·柯布：《中国的独特机会：直接进入生态文明》，王伟译，载《江苏社会科学》2015年第1期。

⑤ 约翰·贝拉米·福斯特：《人类纪和生态文明：一种马克思主义的观点》，周邦宪译，2016年5月1日在第十届生态文明国际论坛俄勒冈大学（尤金）分会场上的主题发言。

克斯和埃里克·康威写于2014年。该书的背景是2393年，假借中国的一位无名氏历史学家之手写的，说的是科幻的历史，其中24世纪末的一位中国历史学家回顾气候变化如何在全世界导致了巨灾，以及最后西方文明和它的资本主义社会是如何崩溃的。该书大部分都在发出警告，它讨论了20世纪末和21世纪初的历史上有记载的事件。特别集中讨论了何以西方资本主义制度未能解决气候变化问题，最终导致了自己的崩溃。那位匿名中国历史学家在该书中也讲述了21世纪的中国是如何以一种有计划的、协调的方式，比如说，设法让它的人民向内陆撤离，以应对海平面的上升，挽救了它的人民和文化的”。[①]

福斯特问道：“为什么西方的科学家和科学历史学家如此倾向于把中国看成可能是人类纪中必要生态转型的希望之灯塔呢？”在福斯特看来，最重要的原因就在于中国仍然是一个社会主义国家。他对斯威齐于1989年写的一篇论述“社会主义与生态学”的文章进行了分析。斯威齐在文中写道：

“过去大约70年的历史经验教训并非是，社会主义的计划经济必然是破坏环境的……如果或者当一个社会主义国家能够在赶上及防止资本主义方面，以及保护和维护环境——人们认为它很快就要成为生死攸关的问题——方面，重新表现出优越性，人们就不能不假思索地否认计划经济制度适于为新形势的需要服务。”[②]

这就是为什么现存的社会主义制度对于人类克服当前的危机而存活下来是很重要的。尽管无人能确保人类能存活下来，但至少社会主义是一种具有潜力的制度，那种潜力，资本主义制度由于无限制地追求资本积累而全然缺乏。

正是为了这一理由，再加上人类纪造成越来越令人绝望的条件，人们才寄予中国如此大的希望。斯威齐的最大担心不幸成为事实，社会主义世界确实几乎普遍走了资本主义道路，在大多数的情况下全然放弃了社会主义。福斯特认为，中国“并未全然放弃它的社会主义目标，没有全然放弃计划经济制度”。[③]

---

① 约翰·贝拉米·福斯特：《人类纪和生态文明：一种马克思主义的观点》，周邦宪译，2016年5月1日在第十届生态文明国际论坛俄勒冈大学（尤金）分会场上的主题发言。

② 约翰·贝拉米·福斯特：《人类纪和生态文明：一种马克思主义的观点》，周邦宪译，2016年5月1日在第十届生态文明国际论坛俄勒冈大学（尤金）分会场上的主题发言。

③ 约翰·贝拉米·福斯特：《人类纪和生态文明：一种马克思主义的观点》，周邦宪译，2016年5月1日在第十届生态文明国际论坛俄勒冈大学（尤金）分会场上的主题发言。

因此，与资本主义制度在生态危机上的无能为力相比，社会主义制度至少在解决生态危机上是目前世界上唯一最具潜力的。在这里，福斯特教授与柯布博士的观点殊途同归，均得出了生态文明的希望在中国这一结论。

由于不竭余力地为中国的生态文明建设鼓与呼，柯布被人们称为“中国生态文明的义务代言人”[①]。柯布自己也坚称自己“一直是中国生态文明建设坚定的支持者”[②]。在一封公开信中，他更明确坦承自己的心声：“我的使命就是将人类从自我毁灭中拯救出来。不久之前，我还认为我只对美国人民负有使命。不管成功与否，我都将努力在美国促进生态文明。但如果我们在中国也能起到一点作用，那我也很高兴把我的使命延伸到中国。”[③] 在给中国青年学者柯进华《柯布后现代生态思想研究》一书所写的序言中，他更是直抒胸臆：“我此生的思想和经历对中国有意义是我今生最大的喜悦之一。尽管美国的掌权者不可能允许威胁到他们的积极改变，但中国的领导人似乎真正能够听取具有智慧的想法并调整政策和实践。我祝贺中国。尽管它面临广大和复杂的问题，无法保证生态文明建设一定成功；但作为一个国家，我相信它是真正为人民谋福祉的；它在解决地方问题时同时也是关切全球问题的。我相信，怀特海的思想可以使中国摆脱西方现代性的弊端，并有助于发扬中国自身的伟大智慧遗产。如果我对此有所助益，此生足矣。”[④] 此等超越国界的悲悯情怀令一切高尚的人心生温暖，心怀敬意，这份无疆的大爱也正激励着越来越多的中国人踏上生态文明的征程。

---

① 王治河：《中国生态文明的义务代言人》，载《中国生态文明》2020 年第 2 期。

② 铁铮：《中国引领着世界的生态文明——记美国国家人文科学院院士小约翰·柯布》，载《绿色中国》2018 年第 15 期

③ 小约翰·柯布：《让我们一起为建设生态文明而奋斗》，富瑜译，载《世界文化论坛》2017 年 3/4 期（总第 74 期）。

④ 柯进华：《柯布后现代生态思想研究》，杭州：浙江大学出版社，2017 年，第 4 页。

小约翰·柯布重要著作一览表与大事记

1925 年　2 月 9 日出生于日本神户。

1940 年　回到美国佐治亚州完成高中学业并就读于埃墨里大学。

1943 年　参军，进入密西根大学日语学院进修日语，旋即参加美国对日作战。

1947 年　与静·柯布（Jean Cobb）结婚，夫妻一生共育有四子。

1947 年　进入芝加哥大学研究生跨学科课程。

1952 年　获得芝加哥大学博士学位。

1952 年　任教于佐治亚北部的杨哈里斯学院，后受芝加哥大学前校长柯尔韦尔的邀请，进入埃墨里大学的博雅学院任教。

1958 年　任加州克莱蒙研究生大学与克莱蒙神学院讲席教授。

1960 年　首先将怀特海思想称为“后现代主义”。

1963 年　主编《后期海德格尔与神学》。

1965—1966 年　在德国美因兹大学做富布赖特访问教授。

1969 年　实现自己人生的“生态转向”（Ecological Turn）。

1969 年　《论生死事大》出版。

1971 年　与福特教授一起创办英文杂志《过程研究》。

1971 年　在克莱蒙召开世界上第一个有关生态危机的学术研讨会，会议主题为“走出灾难的废墟”（Out of Ashes of Disaster）。

1971 年　《是否太晚?》出版。该书被认为是西方世界第一本生态哲学著作。

1973 年　与大卫·格里芬博士共同创建美国过程研究中心（The Center for

Process Studies）。该中心隶属于柯布供职的克莱蒙研究生大学和克莱蒙神学院两家机构。

1976 年　入选芝加哥大学杰出校友。

1977 年　主编《心在自然：科学与哲学之交会点》。

1978 年　在日本立教大学访学。

1979 年　入选麻省理工学院“拥有综合性世界观和有影响力的理念的在世学者”。

1980 年　受聘为芝加哥大学客座教授。

1981 年　主编《过程哲学与社会思想》。

1981 年　对话日本著名禅学家阿部正雄（Masao Abe）。

1981 年　《生命的解放》出版。

1982 年　《超越对话》出版。

1984 年　对话世界著名量子物理学家、后现代科学家大卫·玻姆（David Bohm）。

1984 年　主编《存在与实在：对话哈特霍恩》。

1987 年　受聘为哈佛大学访问教授。

1988 年　合著《为了共同的福祉》第一版出版。

1992 年　《为了共同的福祉》一书被剑桥大学可持续发展领导计划和 Greenleaf Publishing 评为五十大可持续发展书籍之一，1992 年因其改善世界秩序的观念获得 Grawemeyer 奖。

1992 年　《可持续性：经济学、生态学和公正》出版。

1994 年　《可持续的共同福祉》出版。

1998 年　与赫尔曼·格伦（Herman Greene）博士一起创建过程国际网络。

1999 年　《地球主义对经济主义的挑战》出版。

2001 年　《后现代主义与公共政策》出版。

2004 年　创立美国中美后现代发展研究院。

2005 年　《精神的呼唤：关系世界中的过程精神》出版。

2005 年　与中国著名国学家、北京大学汤一介教授对话未名湖畔。

2006 年　发起组织首届克莱蒙生态文明国际论坛。

2008 年　《怀特海术语大全》出版。

2008 年　主编《回到达尔文》。

2010 年　《精神的破产》出版。

2013 年　《理性与复魅》出版。

2014 年　入选美国人文与科学院院士（American Academy of Arts and Sciences）。

2014 年　《柯布自传》出版。

2014 年　创建非营利机构“潘多树”（Pando Populus），该机构致力于推动生态平衡的生活方式。

2015 年　罄家举办生态文明千人大会“另一种选择：走向一种生态文明——第九届克莱蒙生态文明国际论坛”，来自世界各地的 3000 余环保运动领袖和学者参加了此次盛会，其中有 300 余名代表来自中国。

2015 年　创建美国生态文明研究院。

2015 年　主编《我们共同的家园》。

2015 年　在北京与中共中央政治局前委员、国务院副总理姜春云对话“全球生态文明建设”。成为中国生态文明研究与促进会首位外籍专家顾问。

2016 年　参加首届中国有机大会并做主旨发言。

2017 年　在北京与中国著名国学家许嘉璐副委员长对话“生态文明与中华民族复兴”。

2018 年　莲都生态文明柯布院士工作站成立。

2018 年　主编《让哲学发挥作用：走向生态文明》。

2018 年　创建柯布研究院。

2018 年　接受新华社独家专访：“中国给全球生态文明建设带来希望之光——访美国国家人文科学院院士小约翰·柯布”。

2018 年　参加第五届尼山世界文明论坛并作为国外嘉宾代表在开幕式上发言。

2019 年　云南普洱市柯布生态文明院士工作站成立。

2019 年　《中国与生态文明》出版。

2020 年　合著《选择生活：作为世界最好希望的生态文明》出版。

2020 年　合著《过程视角》出版。

2021 年　接受新华社记者专访：“新冠疫情给人类提供了反思环境治理的契机——访美国国家人文科学院院士小约翰·柯布”。

后　记

本书的写作前后历时五载，它是三位作者共同努力的结果。我们都与柯布院士和有机过程哲学有着某种缘分：樊美筠博士是美国过程研究中心中国部主任，刘璐博士曾在克莱蒙美国过程研究中心访学一年，高凯歌先生虽然不曾访问美国过程研究中心，但每次柯布院士访问中国，他总会从繁忙的工作中抽身前去向柯老请教。在与柯老的相识相交中，柯布院士不仅以他宏阔高远的视野和精湛的学问，更以他知行合一的人格魅力深深地影响了我们的日常生活与学术研究。这也正是我们写作此书的初衷。

人生也许有数十个五年的春花秋落，但这五年于我们的生活却格外的特别。五年中，我们直观了柯老对地球命运和人类命运的忧思，亲身感受了他对中国生态文明建设的殷殷期盼，领教了他对生态文明的精心擘画，特别是他对如何在经济、教育、农业、哲学等领域落实生态文明理念的深邃思考。我们感觉自己这五年的人生是何其的幸运与丰富！我们的生命因他而成长和提升，未来也因他而有了明确的方向，真是契合了怀特海“过程”理念的精髓：“多生成一并为一所提升。”我们与柯老成为“互在”，我们彼此“互成”。这是我们人生中十分珍贵的部分，对此我们充满感恩之情。

当然，我们也深深地感谢中央编译出版社，特别感谢贾宇琰副总编，没有他的慧眼和勇于担当，此书的问世是不可能的。感谢责任编辑景淑娥女士耐心、细心与谨慎的审改。王吉胜师兄作为资深出版家，为此书的出版贡献了许多宝贵的智慧。张孝德教授在百忙之中为本书作序，这里一并表示感谢。

作为“生态圣贤”，柯布院士博爱的胸怀、宽广的视野、敏锐的思想，无不令我们敬仰，也令我们惶恐，担心无法全方位地精准把握与领会他的后现代生态文明思想。因此，这里我们诚邀亲爱的读者加盟，对我们的拙作提出宝贵意见，为生态文明这一伟大的事业献计献策。这里向各位提前致谢！

是为记。

作者

2021 年 11 月 12 日